蛋鸡优良品种与高效养殖配套技术

主 编

李慧芳 章双杰 赵宝华

副主编

束婧婷 汤青萍 贾雪波 顾华兵

编著者

宋卫涛 宋 迟 徐文娟 张小燕 葛庆联

陶志云 单艳菊 朱春红 刘宏祥 姬改革

胡 艳 张 安 张 丹 李婷婷

金盾出版社

内 容 提 要

本书由中国农业科学院家禽研究所专家编著。内容包括：我国蛋鸡生产概况，蛋鸡品种介绍，蛋鸡场建设，蛋鸡饲料配方设计与加工调制，蛋鸡饲养管理，蛋鸡人工孵化，蛋鸡的疾病控制，蛋鸡饲养常见问题应急处理等。本书内容新颖，通俗易懂，实用性、可操作性强。可供养鸡场员工、技术人员阅读学习，亦可供农业院校相关专业师生阅读参考。

图书在版编目(CIP)数据

蛋鸡优良品种与高效养殖配套技术/李慧芳，章双杰，赵宝华主编. —北京：金盾出版社，2015.7
ISBN 978-7-5082-7244-3

Ⅰ.①蛋… Ⅱ.①李…②章…③赵… Ⅲ.①孵用鸡—良种②孵用药—饲养管理 Ⅳ.①S831

中国版本图书馆 CIP 数据核字(2015)第 048523 号

金盾出版社出版、总发行
北京太平路 5 号(地铁万寿路站往南)
邮政编码:100036 电话:68214039 83219215
传真:68276683 网址:www.jdcbs.cn
封面印刷:北京印刷一厂
正文印刷:北京万博诚印刷有限公司
装订:北京万博诚印刷有限公司
各地新华书店经销
开本:850×1168 1/32 印张:8.75 字数:210 千字
2015 年 7 月第 1 版第 1 次印刷
印数:1～4 000 册 定价:25.00 元

前　言

我国蛋鸡存栏数与鸡蛋总产量长期排名世界第一，据统计，2012年鸡蛋产量约2 436万吨，占世界总产量的40%。自改革开放以来，我国蛋鸡生产进入了由农户散养向适度规模化、专业化过渡的阶段。在总产量不断攀升的同时，蛋鸡养殖进入微利时代，导致蛋鸡产业结构也在不断调整和优化。我国蛋鸡养殖总体上仍存在小规模养殖比例高、饲养管理不规范、疫病控制能力不强、生产效率不高等问题。蛋鸡企业必须在选择优良品种的同时，加强管理，提高生产水平，降低生产成本，才能得到发展壮大。可以说优良品种的选择与高效养殖配套技术的科学应用将决定蛋鸡养殖的成败，标准化的规模养殖成为发展主流。

本书通过深入浅出的文字和图片，详细叙述了蛋鸡每个时期的饲养管理操作内容和具体方法，并根据所处不同周期阶段和饲养条件，重点介绍饲养管理要点、疾病预防、药物使用、饲料营养和特殊管理。采用切合生产实际的操作指南来写作，所写的操作方法尽量做到通俗易懂，力求让蛋鸡养殖户能轻松掌握，简便易行，并能对其从事蛋鸡生产起到指导或借鉴的作用。书中许多内容为编者经验之谈，由于编者水平有限，难免存在不妥之处，敬请广大同行、读者批评指正。

编著者

目 录

第一章　我国蛋鸡生产概况

第一节　我国蛋鸡业发展历程及现状

一、我国蛋鸡业发展历程

改革开放以后，我国蛋鸡产业开始迅速成长，到1985年，我国鸡蛋产量已经占到全球产量比重的14.5%，超过美国成为世界第一。经过近30年的发展，我国蛋鸡产业已基本完成良种化、专业化、设施化、市场化的演进，形成了较为完善的业内分工体系，甚至一度成为畜牧行业专业化、设施化和高效生产的典范。2012年鸡蛋产量2436万吨，占世界总产量的40%，连续多年居世界首位。按人均鸡蛋的占有量和消费水平看，目前我国人均鸡蛋占有量约17.7千克，人均消费量超过300枚，基本达到1人1天1个鸡蛋的水平，远超过世界人均鸡蛋消费量，接近发达国家水平。

目前，我国商品代蛋鸡存栏量大约15亿只，其中产蛋鸡存栏量12亿只左右；大型祖代鸡场20余家，年存栏55万套左右，年供父母代能力接近4000万套；父母代鸡场1000家左右，场均规模2万套，总饲养能力2000万套，年可供商品代蛋鸡20亿只。无论是种蛋鸡存栏数还是商品蛋鸡存栏数的规模，我国均在世界排名第一，可谓名副其实的蛋鸡生产大国。

二、蛋鸡行业发展的总体状况

近年来，我国蛋鸡行业自上而下地发生了较为深远的变化。蛋鸡品种的选择经历了从国产主导到进口主导和国产、进口各占半壁江山的交替变换；祖代蛋种鸡的饲养量经历了从30多万套增加到接近60万套，然后缓慢回落的过程。在这场变革中，各祖代鸡养殖企业的规模与养殖方式也发生了很大变化。父母代种鸡饲养企业的数量在逐渐减少，而养殖的规模却在不断扩大。商品代蛋鸡的饲养量趋于稳定，小养殖户逐步退出，规模化企业不断出现，且养殖规模也在不断增加。养殖的区域布局逐渐从在主产区集中饲养向全国各地分散饲养发展。从市场表现来看，2009年下半年开始的蛋鸡市场的低迷，加之饲料原料价格的持续高涨，让蛋鸡企业经历了极为严峻的考验。2010年7月份鸡蛋价格的强劲反弹，只带动了父母代市场的繁荣，并没有给祖代市场带来根本性的改变。祖代蛋种鸡生产企业从2009年10月至2010年12月持续1年多一直在成本线下运行，这也使得部分祖代蛋种鸡生产企业调整生产计划，或减少祖代蛋种鸡的进口，或干脆停止进口祖代蛋种鸡。市场的持续低迷加速了行业整合。随着小规模养殖户的逐渐退出，大型鸡场得到了更多的成长空间；同时，通过资本运作，企业规模和生产区域进一步扩大，我国蛋鸡市场的格局迎来新一轮的调整或更新。可以说在经历市场的洗礼和考验后，我国的蛋鸡行业将逐步走向成熟。

三、蛋鸡行业近年发展特点

(一)国产祖代蛋种鸡规模增加，进口量大幅度减少

近年来，国产祖代蛋种鸡规模数年持续增加，进口量继续大幅

度减少。新增国产祖代蛋种鸡数量已经超过进口的数量，国产祖代蛋种鸡平均存栏量均在50万套以上。

（二）父母代市场恶化，商品代市场有所恢复

近年来，父母代雏鸡销售价格持续低迷，受到雏鸡市场低迷、季节性调整、疫病、饲料原料价格上涨等因素的影响，父母代养殖户的信心受挫，进鸡的积极性不高；加之，出雏量的增加，使得国内父母代雏鸡市场竞争加剧，加速了父母代雏鸡销售恶化的状况。祖代生产进口企业几乎完全处于亏损。然而商品代雏鸡销售市场情况较好，无论销售率还是价格都有所提高。

四、蛋鸡行业的区域调整与行业整合

2010年新增祖代蛋种鸡数量超过1万套的企业占全部新增祖代蛋种鸡企业的78%，新增万套以上的祖代企业比2009年增加了1家。2010年山东益生种畜禽股份有限公司仅进口祖代蛋种鸡就达8.7万套，也是近年来单个企业进口数量最多的企业；北京华都峪口禽业有限公司2010年自产的商品代雏鸡销售量突破了1.2亿只。2009年底以来的市场持续低迷也加大了行业整合的可能性，随着小规模养殖户的逐渐退出，大企业得到了更多的成长空间。山东益生种畜禽股份有限公司通过资本运作成功上市，开始加快发展的速度；北京华都峪口禽业有限公司也逐步在辽宁、山东、湖北等省建设父母代养殖基地。湖北省的第一个百万只蛋鸡养殖项目——湖北兴田生态农业科技有限公司的百万只蛋鸡养殖园区在丹江口茅腊坪村建成。传统的管理水平较高的蛋鸡养殖企业规模和生产区域进一步扩大，同时也加大了整个蛋鸡行业整合的可能性。

第二节　我国蛋鸡业发展趋势

一、我国蛋鸡行业发展潜力

从当前国际蛋鸡行业发展形势来看，我国面临比较有利的进出口贸易市场环境。欧盟国家将于2012年之前全面禁止笼养，德国于2009年底已经禁止了笼养方式，鸡蛋产量减少，自给率下降。而且其生产能力将优先扩大对欧盟国家的出口以弥补市场缺口，这对包括我国在内的欧盟以外的鸡蛋生产大国和地区扩大国际市场份额提供了机遇。

虽然在国内产业成长环境和国际市场机遇方面我国蛋鸡产业面临着良好发展态势，但要从蛋鸡生产大国迈向生产强国，还需要不断提高产业自身的可持续发展能力。首先在育种方面，我国蛋鸡育种从20世纪70年代起，先后培育了一批适合国内生产需要的蛋鸡良种配套系，基本建成了由曾祖代、祖代和父母代种鸡场、商品代鸡场协调配套的蛋鸡良种繁育体系，但是70%以上的祖代蛋鸡良种需要从国外引进，不仅增加了动物疫病传播的风险，还给蛋鸡产业持续健康平稳发展增加了不稳定因素；其次在生产规模方面，我国目前的蛋鸡生产仍以小规模、大群体的产业模式占主导地位，超过80%的鸡蛋来自不足1万只的小规模鸡场和农户散养，标准化、规模化程度低不仅造成生产资源浪费，而且加大了疫病防控和蛋品质量安全保障的难度，大大影响了蛋鸡养殖效益水平和产业健康持续发展能力；另外，在产品加工和贸易方面，我国鲜蛋消费量占鸡蛋总产量的90%，鸡蛋加工转换率仅为0.26%，同时鸡蛋和蛋品出口量也不大，仅占全球出口总量的8%左右，市场占有率和产量水平严重不对称。清楚认识我国蛋鸡产业发展面临的机遇与挑战，是挖掘我国蛋鸡产业发展潜力、拓展发展空间的必要前提。同时，要切实推动产业的持续健康发展，更需要我们立足实际、着眼未来，认真分析和判断产业发展规律，从产业发展的各个重要环节入手，加大政策引导和实践参与的力度。

二、我国蛋鸡产业发展趋势分析

从我国蛋鸡产业发展的总体形势分析，行业整合的步伐进一步加快，标准化、规模化养殖的趋势越来越明显；面对市场风险和不确定性，整个产业表现得日渐趋于理性，抵御风险的能力愈来愈强；蛋鸡养殖的品种结构和区域布局也趋向合理。

（一）产区分布

随着东北、河北等地饲料原料成本优势的逐渐消失，以及养殖密集区疾病的发生概率大为增加，蛋鸡密集饲养区（如河北、山东、江苏和辽宁）的饲养量在逐渐下降，而长江流域和西部的蛋鸡生产在逐步增长，蛋鸡存栏有逐渐由东北、华北等传统养殖区向华南、西南等地转移的趋势。

（二）国有自主品牌蛋鸡品种的市场份额进一步扩大

我国蛋鸡自主繁育、良种供应以及种质资源保护和开发能力将进一步增强，蛋种鸡国产化水平将不断提高，种鸡和鸡蛋质量检测工作得到强化，不断提高种鸡及鸡蛋品质。国产蛋鸡品种商品代饲养规模占我国蛋鸡总量的比例将进一步提高。

（三）品牌鸡蛋市场逐步扩大

随着人民消费水平的提高和对食品安全问题的重视，在鸡蛋的消费习惯上逐步发生变化，选择食用品牌鸡蛋的消费者数量逐步增加；另一方面，为了增加产品附加值，适应市场需要，企业也会加快鸡蛋品牌化进程，创建特色品牌鸡蛋。

(四)蛋品贸易

鲜鸡蛋在香港等批发市场和超市将继续以较低价格出口，由于长期受当地消费者对大陆鸡蛋低价低质印象的影响，价格提升空间有限。随着蛋品加工技术水平的提高，我国有望利用欧盟蛋品市场供给能力减小的机会，扩大蛋黄等蛋品在亚洲的出口；另一方面，随着在中国经营的国际食品公司数量的增多以及经营规模扩大，我国食品加工用于蛋黄等蛋品进口将会增加。

总之，综合各方信息，在经历过近年来蛋鸡产业的剧烈波动，我国蛋鸡养殖行业逐渐趋于理性，今后几年蛋鸡存栏将会有一定幅度的增长。

三、我国蛋鸡产业发展建议

(一)大力发展蛋鸡标准化规模养殖

政府应制定和出台较为严格的市场准入法规，提高蛋鸡养殖门槛，积极推进蛋鸡标准化规模养殖。从进入市场的产品质量“标识”开始，迫使不具备健康养殖条件的散养户及早退出生产环节。同时，配套出台转业安置政策，制定切实可行的退出机制办法，引导小规模散养户主动退出，寻求比较效益更高的致富之路。

(二)提升蛋鸡产业现代化、集约化程度

现代的良种和现代畜牧业的发展，客观上除要求与科学的生产模式和管理方式相对接外，还要有现代的物流体系与之相匹配。产业集约化程度的不断提升，供产销一体化模式的形成和有效运行，不但能降低行业整体运行成本，还有利于形成更加合理的分配机制。

(三)建立鸡蛋价格预警系统,引导行业平稳健康发展

进一步加强对蛋鸡产业的预警预测工作,尽快建立蛋鸡产业预警系统,客观、准确地监测和判断鸡蛋生产与市场价格信息,为产业发展决策提供参考依据;同时,为生产者及时提供行业生产和市场信息,引导业者理性经营,促进市场平稳健康发展。

(四)完善质量保证体系和相关认证,发展品牌蛋,引领蛋品消费

建议企业通过部分必要的质量保证体系和相关认证,提升消费者对品牌的信任,扩大市场份额。同时,建议制定统一标准,严格检验程序,定期对市场上的品牌鸡蛋进行抽查,防止假冒伪劣蛋品以次充好。充分利用好各种媒体平台,加强宣传,引导大众关注蛋品行业,重视蛋品安全,树立品牌意识,促进蛋品消费。

(五)严格新建鸡场的审批和规划,合理引导产业区域布局

近年来,我国的蛋鸡养殖业出现了商品鸡饲养区由北方的"鸡蛋主产区"向南方的"鸡蛋主销区"快速转移的趋势,蛋鸡养殖分散化、本地化倾向愈发明显。这种趋势对供应新鲜农产品、节省运输成本、发展全国的蛋鸡养殖业而言,有其优势和一定的积极作用,但是这种区域的转移同时也造成了非常严重的资源浪费。因此,不能将北方小规模、低标准的分散养殖模式简单复制到南方地区,养殖地区的转移并不能从根本上解决疫病问题,而是要采用标准化、专业化的饲养方式,对新建蛋鸡养殖场进行严格审批和科学规划,注重防疫措施,提倡安全生产,使新增投资能够有效运行,充分实现其经济效益和社会效益。

第二章　蛋鸡品种介绍

第一节　引进蛋鸡品种

世界培育的蛋鸡品种较多，目前全球的蛋鸡育种公司已整合为两大集团：一是德国罗曼集团：拥有罗曼、海兰及尼克 3 家公司；二是荷兰汉德克动物育种集团：拥有海赛克斯、宝万斯、迪卡、伊莎、雪佛、沃伦、巴布考克。

一、海兰褐壳蛋鸡

父母代生产性能：50％开产日龄 145 天，高峰产蛋率 93％，入舍母鸡产蛋数（19～70 周龄）289 个，合格的入孵蛋数（19～70 周龄）280 个，健康母雏数（24～70 周龄）101 个，平均每周产母雏（24～70 周龄）2.1 个，平均孵化率（24～70 周龄）80％。18 周龄体重：母鸡 1.51 千克；公鸡 2.34 千克。60 周龄体重：母鸡 2.1 千克；公鸡 2.93 千克。1～18 周龄累计每只入舍鸡饲料消耗 6.75 千克。

商品代生产性能：50％开产日龄 145 天，高峰产蛋率 94％～96％，入舍母鸡产蛋数（19～74 周龄）317 个，平均蛋重（32 周龄）62.7 克，至 70 周龄为 66.9 克，17 周龄体重 1.47 千克，70 周龄体重 1.94 千克。料蛋比（21～74 周）2.11∶1。

二、海兰 W-36

父母代生产性能:50％开产日龄 143 天,高峰产蛋率 90％,入舍母鸡产蛋数(19～70 周龄)297 个,合格的入孵蛋数(19～70 周龄)293 个,健康母雏数(25～70 周龄)112 个,平均每周产母雏(24～70 周龄)2.4 个,平均孵化率(24～70 周龄)86％。18 周龄体重:母鸡 1.23 千克,公鸡 1.45 千克。60 周龄体重:母鸡 1.59 千克,公鸡 2.12 千克。1～18 周龄累计每只入舍鸡饲料消耗 5.84 千克。

商品代生产性能:50％开产日龄 146 天,高峰产蛋率 93％～94％;入舍母鸡产蛋数(19～80 周龄)336～352 个,平均蛋重(38 周龄)60.1 克,至 56 周龄为 62.0 克,70 周龄体重 1.54 千克。料蛋比(21～80 周)1.86∶1。

三、海兰灰蛋鸡

父母代生产性能:50％产蛋日龄 149 天,饲养日高峰产蛋率 93％,入舍母鸡产蛋数(18～65 周龄)252 个,合格的入孵蛋数(18～65 周龄)219 个,健康母雏数(25～65 周龄)95 个,平均每周产母雏数(25～65 周龄)2.3 个,平均孵化率(25～65 周龄)88％。60 周龄体重:母鸡 1.69 千克,公鸡 3.16 千克。

商品代生产性能:50％开产日龄 151 天,高峰产蛋率93％～94％;入舍母鸡产蛋数至 80 周龄为 338 个,平均蛋重(32 周龄)60.1 克,至 70 周龄为 65.1 克,18 周龄体重 1.42 千克。72 周饲养日产蛋总重 19.1 千克,料蛋比(21～72 周)2.16∶1。

四、伊莎褐壳蛋鸡

父母代生产性能：18 周龄母鸡体重 1.47 千克，饲料消耗 6.9 千克。70 周龄入舍母鸡产蛋数 280 个，产种蛋数 245 个，平均蛋重 64.2 克，母鸡体重 1.97 千克，公鸡 2.76 千克。

商品代生产性能：50%开产日龄 143 天，高峰产蛋率 95%，平均蛋重 63.1 克，入舍母鸡产蛋数(18～80 周)351 个，入舍母鸡产蛋总重 22.1 千克，料蛋比 2.14∶1，淘汰体重 2.0 千克。

五、罗曼褐壳蛋鸡

父母代生产性能：50%开产日龄 147～154 天，高峰期产蛋率 90%～92%。入舍母鸡 68 周龄产蛋数 255～265 个，其中合格的入孵种蛋数 225～235 个，生产的母雏数 95～102 个，平均孵化率 80%～82%。

商品代生产性能：50%开产日龄 152～158 天，高峰产蛋率 90%～93%，72 周龄入舍母鸡产蛋数 285～295 个，平均蛋重 63.5～64.5 克，入舍母鸡产蛋总重 18.2～18.8 千克，料蛋比 2.3～2.4∶1。

六、罗曼粉壳蛋鸡

父母代种鸡生产性能：50%开产日龄 145～150 天，高峰产蛋率 90%～92%。入舍母鸡 68 周龄产蛋数 250～260 个，其中合格的入孵种蛋数 225～235 个，生产的母雏 85～95 只。入舍母鸡 72 周龄产蛋数 266～276 个，其中合格的入孵种蛋数 238～250 个，生产的母雏数 90～100 个，平均孵化率 80%～82%。

商品代生产性能：50％开产日龄 140～150 天，高峰产蛋率 92％～95％，72 周龄入舍母鸡产蛋数 300～310 个，总产蛋重 19.0～20.0 千克，平均蛋重 63.0～64.0 克，料蛋比 2.1～2.2：1。20 周龄体重 1.4～1.5 千克，产蛋期体重 1.8～2.0 千克。

七、罗曼白壳蛋鸡

父母代生产性能：50％开产日龄 140～150 天，高峰产蛋率 91％～93％。入舍母鸡 68 周龄产蛋数 250～260 个，其中合格的入孵种蛋数 225～235 个，生产的母雏数 90～96 只。入舍母鸡 72 周龄产蛋数 270～280 个，其中合格的入孵种蛋数 240～250 个，生产的母雏数 95～102 个，平均孵化率 80％～82％。

商品代生产性能：50％开产日龄 150～155 天，高峰产蛋率 92％～94％，72 周龄产蛋数 290～300 个，平均蛋重 62.5 克。总产蛋重 18～19 千克，料蛋比 2.3～2.4：1。20 周龄体重 1.3～1.35 千克，72 周龄体重 1.75～1.85 千克。

八、尼克红蛋鸡

父母代生产性能：50％开产日龄 145～155 天，70 周龄入舍母鸡产蛋数 255～265 个，其中种蛋数 230～240 个，可供母雏90～95 只，产蛋期（至 70 周龄）孵化率 79％～84％。70 周龄体重，公鸡 3.10 千克，母鸡 1.85～2.05 千克。

商品代生产性能：50％开产日龄 140～150 天，饲养日高峰产蛋率 95％，产蛋率超过 90％周数为 18～21 周，入舍母鸡产蛋数（80 周龄）335～345 个，总产蛋重 21.53 千克。平均蛋重 63.7 克，料蛋比 2.0～2.2：1。18 周龄体重 1.48 千克，80 周龄体重 2.05 千克。

九、尼克白蛋鸡

父母代生产性能：50%开产日龄145～155天，70周龄入舍母鸡产蛋数255～260个，其中种蛋数220～230个，可供母雏90～95只，产蛋期(至70周龄)孵化率82%～88%。70周龄体重：公鸡2.30千克，母鸡1.65～1.75千克。

商品代生产性能：50%开产日龄142～153天，高峰产蛋率95%，产蛋率超过90%周数为18～21周，入舍母鸡产蛋数(80周龄)349～359个，总产蛋重21.83千克。平均蛋重62.3克，料蛋比2.0～2.2∶1。18周龄体重1.30千克，80周龄体重1.84千克。

第二节　优良地方蛋鸡品种

地方蛋鸡品种既可利用果园、林地、山地等场所进行放养，也可笼养。要选择抗病率强、适应性广、生产性能好、蛋品质良好的品种，这类产品的目标对象是消费能力较强的人群，可以结合农家乐项目及旅游项目做成特色家禽养殖，形成品牌优势。养鸡户可以根据不同的饲养方式和产品的销路定位，以及本地市场的需求选择地方蛋鸡品种。

一、仙居鸡

(一)主要产区与分布

仙居鸡又称梅林鸡，属蛋用型品种，主要产区在浙江省仙居县及邻近的临海、天台、黄岩等县，分布于省内东南部。生产的雏鸡除供本省外，还销往广东、广西、江苏、上海等10多个省、自治区、直辖市。

(二)外貌特征

仙居鸡有黄、黑、白 3 种毛色，黑色体型最大，黄色次之，白色略小。目前主要针对黄羽鸡进行选育，现以黄色鸡种的外貌特征简述如下：该品种羽毛紧凑，羽色为黄色，尾羽高翘，体型健壮结实，单冠直立，喙短而棕黄色，趾黄色无毛，部分鸡只颈部有鳞状黑斑(图 2-1)。

图 2-1　仙居鸡

(三)生产性能

50%开产日龄为 145 天，66 周龄产蛋数 170～180 个，平均蛋重为 44 克，蛋壳浅褐色，就巢性弱。

二、白耳黄鸡

(一)主要产地与分布

白耳黄鸡，又称白银耳鸡、上饶地区白耳鸡、江山白耳鸡，以其全身披黄色羽毛，耳叶白色而故名，它是我国稀有的白耳鸡种，属蛋用型品种，主要产区在江西省上饶地区，广丰、上饶、玉山三县和浙江省江山市，近年来江西景德镇种鸡场对白耳鸡进行了选育，常年向全国各地提供种鸡。

（二）外貌特征

白耳黄鸡的选择以“三黄一白”的外貌为标准，即黄羽、黄喙、黄脚呈三黄，白耳呈一白，耳叶大，呈银白色，虹彩金黄色，喙略弯，呈黄色或灰黄色，全身羽毛呈黄色，公母鸡的皮肤和胫部呈黄色，无胫羽(图 2-2)。

图 2-2　白耳黄鸡

（三）生产性能

50%开产日龄为 152 天，500 日龄平均产蛋数 197 个，平均蛋重为 54 克，蛋壳浅褐色，就巢性弱。

三、东乡绿壳蛋鸡

(一)主要产地与分布

东乡绿壳蛋鸡属兼用型品种，原产地为江西省东乡县，中心产区为东乡县长林乡，主要分布于东乡县各乡镇，江苏、湖南、陕西、湖北等省亦有分布。

(二)外貌特征

东乡绿壳蛋鸡体形呈菱形，羽毛黑色，有少数个体羽色为白、麻或黄色。单冠直立，冠、喙、皮、肉、骨、胫、趾多呈乌黑色。公鸡冠呈暗紫色，肉髯长而薄。母鸡头清秀，羽毛紧凑(图 2-3)。雏鸡腹部有灰白色绒毛。

图 2-3 东乡绿壳蛋鸡

(三)生产性能

50%开产日龄 170 ～180 天，平均开产蛋重 30 克，500 日龄平均产蛋数 152 个，300 日龄平均蛋重 48 克，500 日龄平均蛋重 49.6 克，蛋壳绿色，就巢率约为 5%。

四、文昌鸡

(一)主要产地与分布

文昌鸡虽属肉用型品种，但经海南(潭牛)文昌鸡股份有限公司多年选育，产蛋性能大幅提高，文昌鸡原产地为海南省文昌市，中心产区为文昌市的潭牛镇、锦山镇、文城镇和宝芳镇，在海南省各地均有分布。

(二)外貌特征

文昌鸡体型紧凑、匀称，呈楔形，性成熟早。单冠，冠、肉髯、耳叶呈红色。皮肤呈白色，胫呈黄色。公鸡羽毛以枣红色为主，颈部有金黄色环状羽毛带，尾羽松散或平直，呈黑色，并带有墨绿色光泽。母鸡羽毛呈黄色或黄麻色为主，少量其他羽色，尾羽微翘或平直(图 2-4)。雏鸡绒毛呈黄色，部分雏鸡背部多有黑线脊。

图 2-4　文昌鸡

(三)生产性能

50%开产日龄 120～130 天,66 周龄产蛋数 180～200 个,平均蛋重 44 克,蛋壳粉色,就巢性弱。

第三节　国内培育品种

目前,我国培育的蛋鸡品种(系)主要有:京红 1 号、京粉 1 号、京白 939、新杨褐和农大 3 号等。部分配套系的生产性能与国外进口蛋鸡生产性能基本接近。

一、京红 1 号

京红 1 号由北京市华都峪口禽业有限责任公司和北京华都集团有限公司良种基地共同培育的三系配套褐壳蛋鸡(图 2-5)。

商品代生产性能:50%开产日龄 142～149 天,入舍母鸡产蛋数(72 周)298～318 个,总产蛋重 19.4～20.3 千克,料蛋比 2.1～2.2:1,平均蛋重 63.2 克。

图 2-5　京红 1 号

二、京粉1号

京粉1号由北京市华都峪口禽业有限责任公司和北京华都集团有限公司良种基地共同培育的三系配套粉壳蛋鸡(图2-6)。

图2-6 京粉1号

商品代生产性能：50%开产日龄140～148天，入舍母鸡产蛋数(72周)296～306个，总产蛋重18.9～19.8千克，料蛋比2.1～2.2∶1，平均蛋重62.4克。

三、京白939

图2-7 京白939

京白939由北京市种禽公司、北京市华都育种公司、北京市华都集团有限责任公司良种基地、河北大午农牧集团种禽有限公司共同培育的四系配套粉壳蛋鸡(图2-7)。

商品代生产性能：50%开产日龄140～145天，入舍母鸡产蛋数(72周)296～306个，总产蛋重18.0～18.6千克，料蛋比2.30～2.33∶1，平均蛋重

61.5 克。

四、新杨褐壳蛋鸡

新杨褐壳蛋鸡配套系由上海家禽育种有限公司(原上海新杨家禽育种中心)和国家家禽工程技术研究中心共同培育的三系配套褐壳蛋鸡(图 2-8)。

图 2-8 新杨褐壳蛋鸡

商品代生产性能:50%开产日龄 142～145 天,入舍母鸡产蛋数(72 周)290～313 个,总产蛋重 18.2～20.3 千克,料蛋比 2.2～2.3∶1,平均蛋重 62.3 克。

五、农大 3 号小型蛋鸡

农大 3 号小型蛋鸡由中国农业大学和北京北农大种禽有限责任公司共同培育的三系配套粉壳蛋鸡(图 2-9)。

图 2-9 农大 3 号小型蛋鸡

商品代生产性能:50%开产日龄 145～155 天,入舍母鸡产蛋数(72 周)282 个,总产蛋重 15.6～16.7 千克,料蛋比 2.1∶1,平均蛋重56.8 克。

第三章 蛋鸡场建设

第一节 鸡场规划布局与建设

鸡场是饲养蛋鸡的首要条件。鸡场只有科学、合理地规划和建设,才能有利于日常的饲养管理和卫生防疫工作的进行,有利于提高蛋鸡的生产性能,从而降低养鸡成本,增加经济效益。

一、场址选择

蛋鸡场址的选择是否合理,对鸡群的生产性能、健康状况、生产效率和经济效益等都有巨大的影响。因此,必须按照建场的原则要求,并根据实际条件,在对所处的自然条件进行调查研究和综合分析的基础上,进行规划。自然条件包括地势地形、水源水质、土壤、气候、电源、交通、防疫诸因素。

(一)地势地形

鸡场应建在地势高燥、向阳背风处。开放式鸡舍应选择朝南或朝南偏东方向,密闭式鸡舍则不必考虑朝向。鸡舍最好高于地平面 0.5 米,以利于光照、通风和排水。在山坡上、丘陵一带建场,可建在南坡上,坡度不超过 20°。鸡场和鸡舍切忌建在低洼潮湿之处,因潮湿的环境易于孳生繁殖病原微生物,使鸡群发生疫病。但也不应该建在山顶和高坡上,因高处风大,且不易保温。在降雨量较大的地区,要考虑所选场地具有一定的抗洪能力,完善的排水系统,配置排洪设备,便于排水。

（二）水源水质

鸡场要有可靠和充足的水源，能满足鸡场用水，鸡场的用水量应以夏季最大耗水量来计算。要了解水的酸碱度、硬度、有无污染源和重金属物质等，最好请有关部门对水质进行化验，确保水质的清洁卫生；也可选用自来水作为鸡场的水源。为了人和蛋鸡的健康和安全，未经消毒的地表水不能用作蛋鸡饮用水。

（三）地质土壤

要了解拟建场地区的地质状况，主要是收集当地地层的构造情况，如断层及地下流沙等情况。鸡场的土质最好是含石灰和沙壤土的土质，这种土壤排水良好，导热性较小，微生物不易繁殖，合乎卫生要求。对于遇到土层结构不利于房舍基础建造的场地，要及早易地勘察，防止造成不必要的资金浪费。

（四）气候因素

要对当地的全年平均气温、最高最低气温，降水量，最大风力，常年主导风向、日照等气象因素有一个综合了解，据此确定房舍隔热材料选择、鸡舍朝向、鸡舍间距、排列顺序和设备配置，为蛋鸡提供适宜的生活环境。

（五）电源条件

鸡场育雏、舍内照明、通风、降温、饲料加工都要用电。经常停电，对鸡场生产影响很大。因此，电源必须稳定可靠，电量以最大负载计算，要能满足生产需要。在经常停电的地区，鸡场需要自备发电机，以防停电，保证生产、生活的正常运行。

（六）交通情况

鸡场的饲料和产品均需要大量的运输能力，拟建场区的交通运输条件要能满足生产需要。鸡场所处位置要交通方便、道路平坦，但又不可离公路的主干线过近，最少要距离 500 米以上，接近次要公路，一般距离 100～150 米为宜。

(七)防　疫

拟建场地的环境及防疫条件好坏是影响日后饲养成败的关键因素。特别注意不要在旧鸡场上重建或扩建，因为这会给鸡场防疫工作带来很大困难。要距离水源地、屠宰场、农贸市场、其他畜牧场和化工厂 500 米以上，距离种畜禽场 1 000 米以上，距离动物隔离和无害化处理场所 3 000 米以上，距离居民点和铁路、公路主干线及噪声大的工厂 500 米以上。

二、鸡场布局

无论是中、小规模的蛋鸡场，还是大型综合性蛋鸡场，不管建筑物的种类和数量多与少，都必须合理布局，才能有利于生产。

(一)鸡场总体布局的原则

1. 分区隔离　根据主导风向、地势及不同年龄的鸡群等，确定各区位置及顺序。生产区与行政管理区和生活区要分开。

2. 净道与污道要分开　净道是运送生产原料、饲料和鸡蛋的道路；污道是运送鸡粪、病死鸡、淘汰鸡和其他废物的道路。净道要求相对比较卫生，故污道不能与净道同道或交叉。否则，不利于疫病防控。

3. 保持安全间隔　各区间和鸡舍间要有适宜的间距，以利于通风和防疫。

4. 因地制宜，经济实用　鸡舍的建设应根据自身实际条件，尽可能做到便于操作，经济实用，并有利于劳动效率的提高。

(二)各区的具体布局

蛋鸡场通常分为生产区、辅助生产区、行政管理区、生活区等。

蛋鸡场各个区的布局，不仅要考虑到人员和生活场所的环境保护，尽量减少饲料粉尘、粪便气味和其他废物的影响，还要考虑到鸡群的防疫卫生，尽量杜绝污染物对鸡群环境的污染。也要考虑到地势和风向因素，依地势高低和主导风向将各种房舍从防疫角度给予合理排列。

1. 生产区　根据主导风向，按育雏舍、育成舍、产蛋鸡舍等顺序排列。即育雏舍在上风处，产蛋鸡舍在下风处，这样幼雏在上风处可获得新鲜空气，减少发病率。各栋鸡舍之间应有15～20米的间距，以利通风和防疫。

2. 辅助生产区　包括饲料加工车间、蛋库、药品疫苗库、物资库和兽医室等，为了便于生产，辅助生产区应靠近生产区，饲料加工车间的成品仓库的出口朝向生产区，与生产区间有隔离消毒池。兽医室应设在生产区一角，只对区内开门，为便于病鸡处理，通常设在下风处。蛋库门之一要朝向生产区。

3. 行政管理区　包括传达室、办公室、财务室、会议室、更衣室和进场消毒室等，应设在生产区风向上方或平行的另一侧，距离生产区有一定的距离，以便防疫。

4. 生活区　生活区主要是指饲养员生活场所。包括宿舍、食堂、淋浴室、洗衣房、值班室、配电房、发电房、泵房和厕所等，从防疫的角度出发，生活区和生产区应保持一定的距离，同时限制外来人员进入。

5. 道路　鸡场的道路分为净道和污道。净道主要运送生产原料、饲料和鸡蛋，为了保证净道不受污染，净道末端是鸡舍，不能和污道相通。污道主要运送鸡粪、病死鸡、淘汰鸡和其他废物。净道和污道最好是硬化路面，便于清扫和消毒，两者间应以草坪或林带相隔离。

6. 鸡场的绿化　鸡场周围可种植带刺的花木，如花椒、钩菊等，起到篱笆的作用，防止人、畜进入。鸡舍前后种植1～2排高大速生树木，如意杨、梧桐、法桐、泡桐等，低于鸡舍檐口不留侧枝，这样既能遮阴，又不影响通风。鸡舍间空地可种植不影响通风，树形相对矮小的果树或花木。果树和花木下可种植牧草或经济作物。对于土建时定点取土的地方经过处理后建设成鱼塘，栽藕养鱼，同时也能净化部分鸡舍排放的污水。生活区周围空闲地可种植果树、蔬菜，用于改善员工生活。做好鸡场绿化很重要，不仅可以美化环境，净化空气，而且能在夏季降低鸡舍温度，降低大风时的气流速度，缓和恶劣气候对鸡群的侵害。

（三）蛋鸡场常见布局

无论鸡场规模大小，在布局规划时必须将生产区和办公生活区分开，并在二者间设消毒池和更衣室，用于进出车辆和人员的消毒、防疫。生产区内净道和污道要分开，不能共用或交叉，污道出口处也要设消毒池。

1. 单列布局 单列布局常见于小型蛋鸡场，由于规模相对较小，一般只分两个区，一个为生产区，另一个为集生活、办公和饲料加工为一体的综合区，生产区分育雏、育成、产蛋3种鸡舍，按顺序排成一列。也可使用育雏、育成一体笼，在一栋鸡舍内完成育雏和育成，减少鸡舍类型，提高鸡舍利用率。场区布局示意如图3-1。

2. 双列布局 双列布局常见于中型蛋鸡场，一般分生产区、辅助生产区、办公生活区。生产区分育雏、育成、产蛋鸡3类鸡舍，按顺序排成对称的两列。辅助生产区包括饲料加工车间、兽医室、发电房、蛋库和物资库等。场区布局示意如图3-2。

3. 分区布局 分区布局常见于大型蛋鸡场，一般分生产区、辅助生产区、生活区、行政管理区。各区间有一定隔离，生产区又分育雏区、育成区和产蛋区。辅助生产区包括饲料加工厂、兽医室、发电房、蛋库和物资库等。场区布局示意如图3-3。

图 3-1　单列布局鸡场

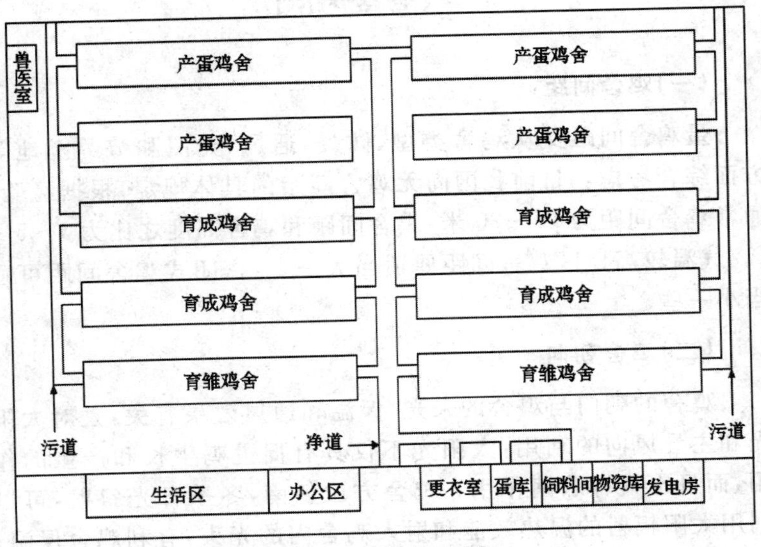

图 3-2　双列布局鸡场

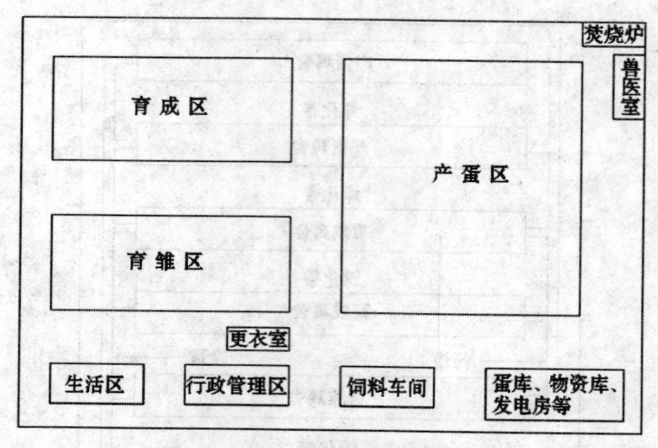

图 3-3 分区布局鸡场

三、鸡舍规划

(一)鸡舍间距

蛋鸡舍间距要从鸡舍类型、防疫、通风、光照和节约土地等方面综合考虑。目前我国尚无鸡舍间距的具体规定，根据经验，通常鸡舍间距为15～20米，鸡舍间距和鸡舍高度之比为3～5：1。气温较高地区鸡舍间距要适当大一点，密闭式鸡舍间距可适当小一些。

(二)鸡舍朝向

鸡舍的朝向与鸡舍的采光、保温和通风效果有关，是对太阳光和主导风向的利用，太阳光不仅具有促进鸡生长和产蛋的作用，而且也具有杀菌作用。鸡舍方位朝南，冬季日光斜射，可以利用太阳辐射的温热效能和射入鸡舍内的光束，有利鸡舍保温；夏季日光直射，直射光射入鸡舍不多，热度不大。长江以南地区的鸡舍朝向，以南或南稍偏东为宜；长江以北地区的鸡舍朝向，以南或南稍偏西为宜。

（三）鸡舍长度

鸡舍的长度取决于整批转入鸡舍的鸡数及机械化的有关技术参数。鸡舍的长度要便于定额管理，适应于饲养人员的技术水平。若每次进入的鸡数较多，机械水平高，每个饲养员定额管理量大，这时的鸡舍应考虑建得长一些，蛋鸡舍的长度一般为 40～100 米，最长不超过 120 米。规模较小的养鸡专业户所建的鸡舍长度，根据实际情况，可长可短。

（四）鸡舍跨度

蛋鸡多为笼养，鸡舍跨度主要依据是拟安装笼列数，同时考虑鸡舍结构和屋顶形式等因素。笼养鸡舍所留走道要适宜，以便于饲养操作。开放式鸡舍跨度不能太大，否则会影响鸡舍的通风和采光。安装 2 排笼的鸡舍以 8 米为宜；安装 3 排笼的鸡舍以 11 米为宜；密闭式鸡舍的跨度可大些，可达 14～18 米。

（五）鸡舍高度

高度应根据饲养方式、清粪方法、鸡舍跨度与气候条件而定。鸡舍跨度不大、平养、气候不太热的地区，鸡舍不必太高，一般从地面到屋檐口的高度为 2～2.5 米；鸡舍跨度大、舍内笼层较高、夏季高温地区，鸡舍要适当高些，一般檐高为 2.5～3.5 米。通常鸡舍内中部的高度不应低于 4.5 米。

（六）鸡舍屋顶

屋顶的形式有多种，一般常用的是双坡式。在气温较高、雨量较大的地区，屋顶的坡度宜大些，但任何一种鸡舍屋顶都要防水、隔热和具有一定的负重能力。在南方气候较高、雨量大的自然环境下，屋顶两侧的下沿应留有适当的檐口，以便于遮阴挡雨。屋顶材料多为瓦、夹心板和彩钢板，简易房舍也可使用石棉瓦、油毡和塑料薄膜。开放式鸡舍，最好能在顶部安装能开关的天窗，有利于鸡舍内有害气体的排放。夹心板和彩钢板作屋面时，屋顶坡度宜小一些。

（七）鸡舍墙壁

墙壁是鸡舍的围护结构，要求能够防御外界风雨侵袭，并具有良好的隔热性能，为舍内创造适宜的环境。墙壁的有无、多少或厚薄，主要决定于当地气候条件和鸡舍的类型。在气温高的地区，可建造四边无墙的简易鸡舍，但四周必须围以网眼较细的钢丝网，以防野兽的侵入。气候温和的地区，墙壁的厚度可薄一些，一般采用砖墙或空心砖墙。气候寒冷地区，墙壁应加厚。墙外面用水泥或白石灰粉刷，墙内用水泥粉刷，便于冲刷。

（八）鸡舍地面

鸡舍内地面最好高出舍外 0.5 米，以利防潮。面积大的永久性鸡舍，一般地面与墙面均应抹水泥，并设有下水道，以便冲刷和消毒。在地下水位高和潮湿的地区，应地下铺设防潮层（如石灰渣、炭渣、油毛毡等）。在北方的寒冷地区，如能在地面下铺设一层空心砖，则更为理想。

（九）鸡舍门和窗

鸡舍门宽应考虑所有的设施和工作车辆都能顺利进出。一般单扇门高 2 米、宽 1 米，双扇门高 2 米、宽 1.6 米。为了便于车辆进出方便，门前可不留门槛，有条件的可安装弹簧拉门，使其能保持在关闭位置。鸡舍的窗户要考虑到鸡舍的采光系数（窗户面积与地面面积之比）和通风，一般窗户面积不应少于鸡舍面积的1/8。窗户面积过大，冬季保温困难，夏季通风性能虽良好，但反射热也较多，加之光照强度偏高，易使鸡烦躁不安发生啄癖。窗户面积如果太小，会造成夏季通风不良，鸡舍内积热难散，气味难闻，鸡群极为不适，同时窗户太小也会影响到鸡群的光照强度。总之，必须合理地确定窗户的大小。窗户的位置，笼养宜高，平养宜低。平养鸡舍的窗台必须砌成斜面，以防鸡只跳登排粪。网上或栅状地面养鸡，在南、北墙的下部一般留有通风窗，窗的规格为 30 厘米×30 厘米，在内侧蒙以铁丝网，在外侧设门，以防禽兽入侵和便于冬季关闭。鸡舍两侧也可采用聚乙烯或聚丙烯材质的卷帘布代替窗户，根据通风和保温要求用卷帘机上下调节，此种做法不但建筑成本很低，还便于生产操作。

四、鸡舍建筑设计要求与类型

鸡舍建筑设计应该满足鸡群的生物学特性的要求。它涉及鸡舍的通风、光照、保温隔热和清洗消毒等因素。

(一)通风换气

通风是衡量鸡舍环境的第一要素。通风的目的主要是：进行气体交换、排湿、散热等。只有通风性能良好的鸡舍才能保证鸡群的健康生长和发挥良好的生产性能。

1. 鸡舍通风换气参数 衡量鸡舍通风效果的标准主要有 3 个指标，即换气量、气流速度和有害气体含量。

蛋鸡每千克体重所需最低换气量为 0.9 $米^3$/小时，最高换气量为 6.6 $米^3$/小时，常用的定值为蛋成鸡 4.76 $米^3$/小时，蛋雏鸡 3.68 $米^3$/小时。鸡体周围气流速度夏季 1～2 米/秒，冬季 0.3～0.5 米/秒为宜。有害气体最大允许量氨的浓度为 20×10^{-6}，硫化氢含量应在 10×10^{-6} 以下，二氧化碳的浓度不得超过 0.15%。

2. 鸡舍通风方式 鸡舍通风方式有两种，一种为自然通风，另一种为机械通风。自然通风是指不需机械动力，而依靠自然界的风压和热压，产生空气流动而形成气体交换。机械通风，是指利用风机形成舍内的正压或负压，达到空气交换的目的。目前普遍采用的纵向负压通风，是在鸡舍一端的山墙上安装轴流风机，在另一端山墙上设有进风口，即由场区净道端进气，污道端排气。夏季时，配合湿帘使用，可以达到良好的降温效果。采用纵向负压通风设计时，鸡舍两侧和屋顶密封性能一定要好。

（二）光　照

鸡对光线十分敏感。光照时间的长短、光照强度的大小，对鸡都会产生明显的影响。不同生长发育阶段的鸡群，对光照时间的需要不同，应从不同阶段鸡群的光照管理上加以解决，如果光照强度太强，蛋鸡容易发生啄癖。在建筑鸡舍时，特别是开放式鸡舍时要综合考虑屋面出檐的长短与窗户的高度及大小。

（三）保温隔热

鸡舍温度对鸡的生长发育和充分发挥生产潜力至关重要。鸡舍的最适环境温度是 18℃～24℃。从我国目前条件来说，是无法使鸡舍环境温度始终达到这一最适温度指标的。但可以通过对鸡舍的类型和建筑材料进行选择，使环境温度尽量控制在鸡的生理调节范围之内。为有效地起到保温隔热效果，一方面应选用保温性能好的建筑材料，加厚北墙厚度和室内吊顶等建筑措施；另一方面可以通过人工辅助的供热或降温措施，以达到调节舍内温度的目的。

（四）清洗消毒

鸡舍要便于清洗消毒，否则很容易孳生病菌。冲洗是最有效的消毒方式，为了便于冲洗，鸡舍地面必须为水泥地面，鸡舍内墙壁也要用水泥抹平。

五、鸡舍建筑类型

(一)按密封程度分

鸡舍按密封程度分为两大类:一类是普通的有窗开放式鸡舍,目前大多数鸡舍属此种类型;另一类是无窗的密闭式鸡舍,现代化大型鸡场多倾向于修建此种鸡舍。

1. 密闭式鸡舍　密闭式鸡舍一般用隔热性能良好的材料构建房顶与四壁(图 3-4)。只有在停电时才开启应急用窗,没有用于透光、通风的窗户。用人工照明控制光照时间和强度。用可调节通风量的风机在一定范围内控制舍内的温、湿度和空气中有害气体的浓度。一般在净道一端进气,污道端排气,由于实行强制通风,鸡舍跨度一般为 11～14 米,鸡舍长度一般为 60～80 米。当鸡舍长度为 100～120 米时,最好采用鸡舍中部进风,两端排风,这样可有效降低舍内温差。气温较高的地区要安装湿帘等降温设备,

图 3-4　密闭式鸡舍

用于炎热季节降温；一般地区也要安装湿帘等降温设备，用于夏季降温，冬季一般不供暖，靠鸡体自身散发的热量使舍内温度维持在一个比较适宜的范围之内；在冬季气温较低的北方，有条件的可通过供暖来提高鸡舍内温度，为蛋鸡创造适宜的环境。这种鸡舍的优点是：减少严冬、盛夏季节及风雨等恶劣天气对鸡群的影响，生产的季节性不明显，并有可能保持较高、较稳定的生产水平。鸡舍密闭与鸡群的封闭饲养，可以有效地防止病原微生物的传染。由于鸡舍密闭，可缩小各栋鸡舍间的距离，减少占地面积。密闭饲养和粪便集中处理，环境污染与苍蝇危害等问题也较易于解决。这种鸡舍的缺点是：建筑和设备投资费用高，要求较高的建筑标准和性能良好而稳定的附属设备；必须供给鸡群全价饲料；耗费电力较多，一定要有稳定可靠的电力供应。

2. 开放式鸡舍 开放式鸡舍也有多种形式，在我国南方炎热的地区，往往修建只有简易顶棚而四壁全部敞开的鸡舍。有的地区修建三面墙、南向敞开的鸡舍。其他地区常见的是南墙留大窗户、北墙留小窗的有窗鸡舍（图 3-5），该鸡舍的跨度一般为 7～8 米，夏季通风较好。檐高超过 2 米即可，气温较高的地区檐口宜高

图 3-5 开放式鸡舍

些。长度常依地势、地形、饲养数量而定。屋顶多为双坡式。这种鸡舍的优点是:设备上投资较少,对设计、建筑材料、施工等要求及其管理均较简单。该鸡舍在气候温和或较炎热的地区比较适合,对于一般的中小型鸡场和养鸡专业户也易于建造。其缺点是:鸡只的生理状况与生产力受自然环境影响较大;因属开放式管理,鸡只通过空气、土壤、昆虫等多种途径感染疾病的机会增多。

(二)按饲养方式分

鸡舍按饲养方式可分为平养鸡舍和笼养鸡舍。平养又分为地面平养和网上平养。地面平养为鸡群在地面上活动;网上平养鸡群离开地面,全部活动于塑料网或竹木栅条上。平养鸡舍饲养密度小,建筑面积大,土建投资高;网上平养增加了网具及其支架设备,投资相对提高。笼养可以充分利用鸡舍空间,饲养密度大,鸡舍建筑面积利用率高,土建投资相对降低。另外,由于笼养鸡舍的鸡群相对集中,饲养管理方便,并且由于鸡群很少接触粪便,减少了疫病感染的机会,特别是球虫病的感染机会。但因增加了笼具和配套设备的投资,所以总投资额比平养要高很多。

1. 平养鸡舍　种鸡群、育成鸡群和育雏鸡群都可以选用这种鸡舍。一般生产规模较小的蛋鸡场会选择平养育雏和育成。地面平养在养鸡时地面铺设稻草、锯木屑等(图 3-6);网上平养则在距舍内地面一定高度平设栅板,一般离地面 60～70 厘米(图 3-7)。网上平养因鸡群接触不到鸡粪,球虫病和肠道病的发病率明显少于地面平养。平养鸡舍按鸡群围栏和管理通道的组合分布主要可分为下列几种。

(1)*无走道平养鸡舍*　这种布局的鸡舍平面利用率高,但在管理方面人需要进入鸡栏,故不如有走道的鸡舍操作方便。

(2)*单列单走道平养鸡舍*　一般走道多设在北侧,饲养人员在走道上操作,人不需要在鸡栏中穿行,管理方便,对防疫有利。

（3）双列单走道平养鸡舍　走道设在鸡舍的中间，一条走道分管两列圈栏，操作方便。一般大跨度的鸡舍选用这种布局，可提高走道的利用效率。

图 3-6　地面平养鸡舍

图 3-7　网上平养鸡舍

2. 笼养鸡舍　鸡群笼养为现代化养鸡业的主要饲养工艺。

它的优点是:可提高饲养密度,减少疾病感染机会,管理集中并为全面实行机械化养鸡创造条件。笼养可适合育雏、育成及产蛋各个阶段的饲养。目前,在对笼具的设计、制造工艺与方法等方面都有了很大发展。

(1)阶梯式笼养鸡舍　这种笼具各层之间只有少部分重叠,粪便直接掉入粪坑或地面,不需安装承粪板(图 3-8)。多采用 3 层结构,也有 2 层或 4 层结构的。根据鸡舍的跨度可有不同的鸡笼选型和布列行数。为了便于饲养操作,一般鸡笼行距不应少于 0.8 米。常用的鸡笼布局有二列三走道、三列四走道和四列五走道。根据清粪工作的需要不同,舍内可以采取水平面的人工清粪方式和笼下留有粪槽的机械清粪方式。机械清粪方式不仅可以大大减轻劳动强度而且便于舍内环境控制,已愈来愈被广泛使用。

图 3-8　阶梯式笼养鸡舍

(2)叠层式笼养鸡舍　叠层式为多层鸡笼相互重叠而成,每层之间有传粪带。笼具安装时每两笼背靠背安装,数十或数百个笼子组成一列，每两列之间留有过道。这种鸡舍充分利用了空间，饲养密度最高，一般为 4～6 层（图 3-9）。因为沿鸡舍长轴布置鸡笼阻挡横向通风，高度密集的鸡群产热量很大，靠自然通风散热十分困难，而且因层次挡光，自然光照很难均匀，所以叠层式笼养鸡舍多为密闭式鸡舍，依靠机械通风、集粪和人工补充光照，有条件的鸡场还配套有自动集蛋系统。

图 3-9　叠层式笼养鸡舍

（三）新型鸡舍

随着养鸡业的发展，鸡舍建筑也应随之跟上，根据农村实际情况，养鸡户探索出一些适用于集约饲养的经济实用的新型鸡舍。

这里介绍2种生产中应用较多的新型鸡舍以供参考。

1. 卷帘鸡舍　采用金属框架或砖混结构(图3-10),屋面为夹芯板、彩钢板、石棉瓦、瓦等。水泥地面,鸡舍两侧下部为40～60厘米矮墙,上部靠近檐口30～50厘米用砖闭封,中间全部敞开无窗扇,形成与舍长轴同样长的窗洞。窗洞处安装小孔径铁丝网用于防盗、防鸟、防兽和防鼠,在铁丝网内外用复合塑料编织布(多为聚乙烯)做成双层卷帘,如饲养育雏、育成期蛋鸡,可将舍内一层卷帘用黑色,这样可达到遮暗的效果。平时以卷帘的启闭大小调节舍内气温和通风换气,也可关闭卷帘采用负压纵向通风。饲养产蛋鸡时,一般配套安装湿帘和风机。

图3-10　卷帘鸡舍

2. 简易鸡舍　简易鸡舍是受蔬菜大棚和传统鸭舍的启发,经过演化和改造发展成为一种造价较低,却经济实用的新型鸡舍(图3-11),广泛应用于蛋鸡生产。此法具有充分利用当地农村的自然资源,因陋就简,投资小、见效快的特点。因此,就目前农村条件而言,此法仍不失为一种值得推广的好方法。现将建造的一般方法介绍如下。

图 3-11 简易鸡舍

(1)选址　一般采用东西走向，选择地势平坦、交通便利、远离居民的地方。舍内地面应高于舍外 20～50 厘米，在鸡舍两侧开挖排水沟。

(2)鸡舍规格　鸡舍宽为 7 米或 10 米，7 米宽鸡舍长为 30～60 米，10 米宽鸡舍长为 40～80 米。檐高 1.8～2.2 米，屋顶高 4.5 米左右，屋面多为石棉瓦，地面为水泥地面。

(3)房屋基础　东西山墙用砖垒起，根据山墙长度留窗户。窗户面积应占山墙面积的 30%以上，这样有利于夏季的通风。鸡舍两侧用塑料薄膜或彩条布围护，最好是用砖垒 30～50 厘米的矮墙，然后在矮墙上方安装卷帘。

(4)房屋框架　鸡舍两侧每隔 3.5～4 米有一立柱，立柱为水泥柱或直径 12 厘米以上的毛竹。鸡舍中间对应有 2 根立柱，将 4 根立柱相连成一架梁，两架梁之间每隔 1 米用毛竹或水泥桁条纵向相连。在毛竹或水泥桁条上每隔 0.4 米横向固定一竹条或竹竿。

(5)屋顶　在屋面上铺一层塑料薄膜，在薄膜上铺一层苇网，在苇网上铺一层稻草或草帘，最后在稻草上盖上水泥瓦。

安装卷帘的简易鸡舍，如果能安装湿帘、风机，做好密封工作，其夏季降温效果也相当的好。

六、其他建筑设计要求

鸡场除了鸡舍建设外，还应配套有其他建筑，如饲料加工厂、蛋库、兽医室、发电房、物资库、办公室、职工宿舍、食堂、厕所等。发电房、物资库、办公室、职工宿舍、食堂、厕所等按一般生活用房标准建设即可。

(一)饲料加工厂

饲料加工厂主要有饲料加工车间和饲料库2部分组成。饲料加工车间由于要放置饲料加工设备，在建设时要考虑所选饲料加工设备能顺利安装。一般宽度不小于8米，檐高3.5米以上，车间中部不低于5米，具体高度应根据所选加工设备来定。饲料库包括原料库和成品库。因饲料原料库存量大，所以原料库要大一些。原料库对外开门，门要宽且高，这样便于加工设备安装和饲料原料的进入。因饲料成品库存量相对较小，所以成品库可以小一些。成品库对场内开门，并有路和净道相连，便于饲料运入鸡舍。

(二)蛋　库

蛋库应具有很好的保温效果，对内、对外均应开门，对内开门时要有路和净道相连，为了保证高温季节和严冬季节鸡蛋的保存效果，蛋库内应装有空调。

(三)兽 医 室

兽医室要配套有解剖台、洗手池,解剖台要便于冲洗消毒。

第二节　蛋鸡饲养设备

蛋鸡的饲养设备主要包括供暖、供水、供料、降温、通风、光照、笼具、清粪和其他辅助设备等。

一、供暖设备

雏鸡在育雏阶段,尤其是寒冷的冬天及早春、晚秋都要增加育雏舍的温度,以满足雏鸡健康生长的基本需要。供暖加温设备有好多种,不同地区的养鸡场、养鸡户可根据当地的热源(煤、电、煤气、暖气等)选择某一供暖设备来增加育雏温度,特别是初养蛋鸡户,经济条件较差,要力争做到少花钱、养好鸡、争赢利。

二、供水设备

(一)减压装置

鸡场水源一般用自来水或水塔里的水,其水压较大,采用普拉松自动饮水器或乳头式饮水器均需较低的水压,而且压力要控制在一定的范围内。这就需要在饮水管路前端设置减压装置,来实现自动降压和稳压的技术要求。

(二)普拉松自动饮水器

主要用于平养鸡舍,它可自动保持饮水盘中有一定的水量,其总体结构如图 3-12 所示。饮水器通过绳索吊在天花板或固定的

图 3-12　普拉松自动饮水器

专用铁管上，顶端的进水孔用软管与主水箱管相连接，进来的水通过控制阀门流入饮水盘供鸡饮用，为了防止鸡在活动中撞击饮水器而使水盘的水外溢，给饮水器配备了防晃装置（在内胆里注入一定量水）。在悬垂饮水器时，水盘环状槽的槽口平面应与鸡体的背部等高。根据鸡群的生长情况，可不断地调整饮水器的高度。

（三）真空饮水器

目前，市场上销售的真空饮水器型号较多，有 2.0 千克、2.5 千克、3.0 千克、4 千克和 5 千克等型号（图 3-13）。2.0 千克和 2.5 千克的饮水器适用于 3 周龄以内的雏鸡用；3.0 千克以上的饮水器适用于 3 周龄以上的育成鸡或种鸡。

图 3-13　真空饮水器

（四）水　槽

大部分用于笼养鸡舍，由水槽、封头、中间接头、下水管接头、控水管、橡胶水塞等构成。水槽长度可根据鸡舍或笼架长度安装。一端进水，另一端排水。这种供水方式，每天需要刷洗水槽，由于是常流水，浪费水较多，也不利于防疫卫生，近年来已越来越多地被乳头饮水器所取代。

（五）乳头式饮水器

乳头式饮水器因为其端部有乳头状阀杆而得名（图 3-14）。随着技术的革新，乳头式饮水器的密封性能在原有基础上大为好转，乳头漏水现象很少出现，这样有利于舍内的干燥，使禽舍内卫生环境得到进一步改善。乳头式饮水器的用水量只为常流水水槽的 1/8 左右，可以节省大量用水。

图 3-14　乳头式饮水器

（六）饮水前端

水线前端组件是鸡舍进水源的起点，安装在水源和饮水器之间，可以起到过滤水源，饮水用药、疫苗免疫，调节供水压力等作用。一般水线前部组件安装在操作间，每栋 1 套，其主要部件有饮水过滤器、加药器、调压阀等（图 3-15）。

1. 饮水过滤器　饮水过滤器主要用于消除水中杂质，防止乳头阻塞。为保证过滤效果，滤芯必须定期清理或更换。

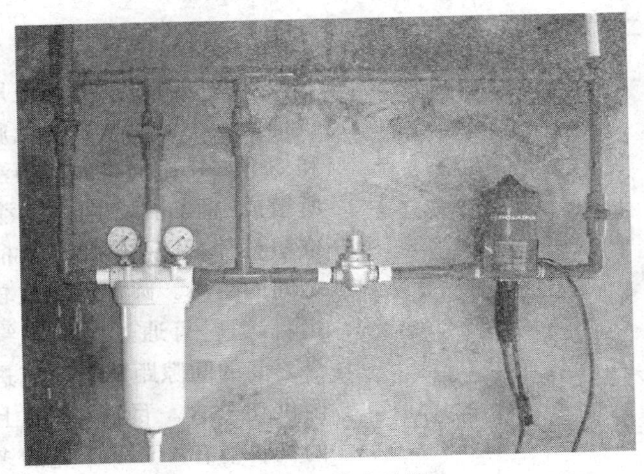

图 3-15 饮水前端

2. 加药器 加药器是比例加药器的简称，是无须电力驱动的溶液比例配比泵，其特点是不用电力依靠水压驱动，准确添加浓缩剂量。可准确地向饮水系统中加入水溶性药物或疫苗，来预防畜禽疾病。

3. 调压阀 调压阀用于调节整栋鸡舍内饮水系统水压，保护饮水系统，以满足养殖需要。

三、给料设备

(一)雏鸡开食盘

主要供开食及育雏早期(0～2 周龄)使用，市场上销售的优质塑料制成的雏鸡开食盘有圆形和方形 2 种，每只喂料盘可供 80～100 只雏鸡使用。

(二)饲料桶

图 3-16 饲料桶

供 2 周龄以后的鸡使用。饲料桶由一个可以悬吊的无底圆桶和一个直径比桶略大些的浅圆盘所组成,桶与盘之间用 3 个铁片或塑料片相连,并可调节桶与盘之间的距离。圆桶内能放较多的饲料,饲料可通过圆桶下缘与底盘之间的间隙距离自动流进底盘内供鸡采食。目前,市场上销售的饲料桶有 4～10 千克的多种规格(图 3-16)。这种饲料桶适用于地面垫料平养或网上平养。饲料桶应随着鸡体的生长而提高悬挂的高度,饲料桶圆盘上缘的高度与鸡站立时的肩高相平就可。料盘的高度过低时,因鸡挑食而溢出饲料,造成浪费;料盘过高,则影响鸡的采食,影响生长。

(三)料槽

料槽多用于笼养蛋鸡,具有方便采食和饲喂、饲料浪费少、坚固耐用、便于清刷和消毒等优点,一般采用硬塑料板或镀锌板等材料制作。所有料槽边口都向内弯曲,以防止鸡采食时挑剔将饲料溢出槽外。

(四)自动喂料系统

近年来,具有一定经济实力和饲养规模的养鸡场,逐渐采用自动喂料机喂养产蛋鸡和育成鸡,这不仅有利于减轻给料的劳动强度,更主要的是能控制料量,并在短时间内上完料,使每只鸡采食均匀,有利于大群鸡生长发育整齐。生产常见的自动喂料机有阶梯式上料(图 3-17)和行车上料(图 3-18)2 种。

图 3-17　阶梯式上料自动喂料机

图 3-18　行车上料自动喂料机

四、降温、通风设备

鸡舍温度在18℃～28℃为鸡产蛋最适宜的环境温度，超过35℃鸡生长受阻，种鸡产蛋量下降，甚至发生中暑死亡。每年夏季在高温来临之前应该做好防暑降温的准备工作。鸡舍降温设备主要有以下几种。

（一）吊扇和圆周扇

吊扇和圆周扇置于顶棚或墙内侧壁上，将空气直接吹向鸡体，从而在鸡体附近增加气流速度，促进了蒸发散热。吊扇与圆周扇一般作为自然通风鸡舍的辅助设备，安装位置与数量视鸡舍情况和饲养数量而定。

（二）轴流式风机

这种风机所吸入和送出的空气流向与风机叶片轴的方向平行，轴流式风机的特点是：叶片旋转方向可以逆转，旋转方向改变，气流方向随之改变，而通风量不减少。轴流式风机有多种型号，可在鸡舍的任何地方安装。

轴流式风机主要由叶轮、集风器、箱体、十字架、护网、百叶窗和电机组成。

（三）湿帘—风机降温系统

湿帘—风机降温系统由IB型纸质波纹多孔湿帘、低压大流量节能风机、水循环系统（包括水泵、供回水管路、水池、喷水管、滤污网、溢流管、泄水管、回水拦污网、浮球阀等）及控制装置组成。

湿帘—风机降温系统一般在密闭式鸡舍里使用，卷帘鸡舍也可以使用，使用时将双层卷帘拉下，使敞开式鸡舍变成密封式鸡舍。在操作间一端南北墙壁上安装湿帘（图3-19）、水循环冷却控制系统，在另一端山墙壁上或两侧墙壁上安装风机。湿帘—风机启动后，整个鸡舍内形成纵向负压通风，经湿帘过滤后冷空气不断进入鸡舍，鸡舍内的热空气不断被风机排出，可降低舍温 3℃～6℃，这种防暑降温效果比较理想。

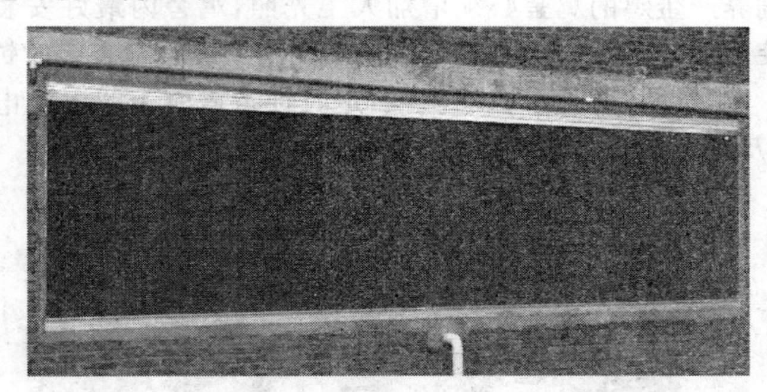

图 3-19 湿 帘

五、照明设备

蛋鸡产蛋期每天光照时间不能低于 16 小时，否则影响产蛋性能。鸡舍的照明设备由照明线路、灯泡和光控仪组成。

(一)照明线路

照明线路的安装除了保证用电安全外，还要保持灯泡间距 2.7～3.0 米，灯泡距地面 1.8～2.0 米，每行灯泡交互排列。

(二)灯 泡

1. 白炽灯 一般选用 40 瓦或 60 瓦白炽灯，因耗电量较大，近年逐渐被节能灯取代。

2. 节能灯 节能灯要选用暖光型，因其发光效率是白炽灯的 3～4 倍，一般选用 13～20 瓦。

3. 日光灯 一般选用20～40瓦日光灯，因发光效率不如节能灯高，近年逐渐被节能灯取代。

(三)光控仪

饲养产蛋鸡的鸡舍必须增加人工光照，鸡舍内最好安装自动光照控制器，这样既方便又准时，使用期间要经常检查定时钟的准确性。定时钟一般是由电池供电，定时钟走慢时表明电池电力不足，应及时更换新电池(图3-20)。

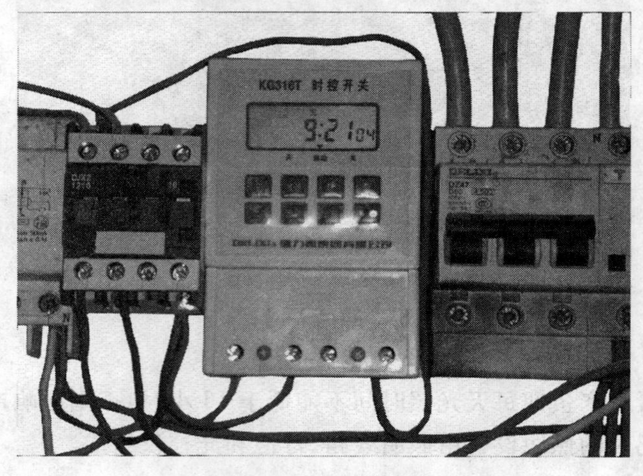

图3-20 光照控制器

六、笼 具

(一)育雏笼

为了节省鸡舍面积和便于加热等管理，育雏笼多采用重叠式。生产中常见的为4层重叠育雏鸡笼，每层笼内配有加热管，每组笼有2排4列，并配套有温度控制系统。

单只笼体的长一般为 90～120 厘米，宽 50～70 厘米，高 30～35 厘米，笼脚高 10～15 厘米，笼间距离 14 厘米，笼门间隙可调。

(二)育成笼

育成笼单体笼长×宽×高为 195 厘米×32 厘米×30 厘米，笼前设有 3 个门。一般采用 3～4 层阶梯式放置。

(三)育雏育成一体笼

育雏育成一体笼和育成笼基本相同，不同之处在于笼宽，多为 45～55 厘米，笼底钢丝间距与育雏笼一样。

七、清粪设备

规模化蛋鸡生产场为提高生产效率，大多采用机械清粪。因鸡日龄和饲养设备不同，清粪设备也不尽相同。

(一)承粪板

重叠育雏笼一般配套使用承粪板(图 3-21)，育雏期应定时清理承粪板。

图 3-21　承粪板

(二)刮 粪 机

阶梯式育雏育成一体笼、育成笼和产蛋笼多使用刮粪机将鸡粪送出舍外(图 3-22)。

图 3-22 刮 粪 机

(三)传 粪 带

叠层式鸡笼和阶梯式鸡笼都可使用传粪带将鸡粪送出舍外(图 3-23)。

图 3-23 传 粪 带

第四章　蛋鸡饲料配方设计与加工调制

第一节　蛋鸡常用饲料

一、饲料的分类

饲料种类很多，分布甚广，各种饲料的营养特点与利用价值各异，饲料分类首先要求每一种饲料有一个标准名称，代表该饲料的特性成分及营养价值。凡是同一标准名称的饲料，其特性、成分与营养价值基本相同或相似，这样才便于编制全国及全世界饲料营养成分及营养价值表和便于应用与制定日粮配方。

(一)国际分类法

1. 粗饲料　干物质中粗纤维≥18%、以风干物为饲喂形式的饲料。

2. 青饲料　天然水分含量在60%以上的新鲜饲草及以放牧形式饲喂的人工栽培牧草、草原牧草等。

3. 青贮饲料　指青饲原料在厌氧条件下，经过乳酸菌发酵调制和保存的一种青绿多汁的饲料。

4. 能量饲料　干物质中粗纤维<18%，同时粗蛋白质<20%的饲料。

5. 蛋白质饲料　干物质中粗纤维<18%，同时粗蛋白质≥20%的饲料。

6. 矿物质饲料 可供饲用的天然矿物质及化工合成的无机盐类。

7. 维生素饲料 由工业合成或提纯的维生素制剂，但不包括富含维生素的天然青绿饲料在内。

8. 饲料添加剂 凡在配合饲料中添加的各种少量或微量成分。

(二)中国现行饲料分类法

我国惯常使用的饲料分类方法亦综合分类法，随着信息技术的快速发展，我国在20世纪80年代初开始建立饲料编码分类体系，该体系根据国际惯用的分类原则将饲料分为8大类。然后结合我国传统饲料分类习惯分为16亚类，并对每类饲料冠以相应的中国饲料编码。该饲料编码共7位数，首位数为分类编码，2～3位数为亚类编码，4～7位数为各别饲料属性信息的编码。例如，玉米的编码为4－07－0279，说明玉米为第4大类能量饲料，07表示属第7亚类谷实类，0279为该玉米属性编码。16个亚类是：

01 青绿植物类　02 树叶类　03 青贮饲料类
04 根茎瓜果类　05 干草类　06 农副产品类
07 谷实类　08 糠麸类　09 豆类
10 饼粕类　11 糟渣类　12 草籽树实类
13 动物性饲料类　14 矿物性饲料类　15 维生素饲料类
16 添加剂及其他

二、鸡常用饲料

(一)能量饲料

能量饲料是指在干物质中粗纤维＜18％，同时粗蛋白质＜20％的饲料。能量饲料主要包括谷实类、糠麸类、草籽树实类、根茎瓜果类和生产中常用的油脂、糖蜜、乳清粉等。

1. 谷实类饲料

(1)营养特点

①富含无氮浸出物　无氮浸出物占干物质的 71.6%～80.3%，而且其中主要是淀粉，占无氮浸出物的82%～92%，消化率很高。

②粗纤维含量低　玉米、高粱、小麦的粗纤维含量在 5%以内，燕麦、带壳大麦、稻谷的粗纤维含量在 10%左右。

③蛋白质含量低、品质较差　粗蛋白质为 10%左右，且品质不佳，氨基酸组成不平衡，赖氨酸和蛋氨酸较少，尤其是玉米中含色氨酸低，麦类中苏氨酸含量低。

④脂肪含量少　玉米、高粱含脂肪 3.5%左右，且以不饱和脂肪酸为主，亚油酸和亚麻酸的比例较高；其他谷实饲料含脂肪少。

⑤矿物质中钙、磷比例极不合理　谷实饲料钙的含量在 0.2%以下，而磷的含量在 0.31%～0.45%。这样的钙、磷比例对任何家禽都是不适宜的。但磷为植酸磷，单胃动物对其利用率低。

⑥维生素含量低　黄色玉米含胡萝卜素较为丰富，其他谷实饲料中含量极微；谷实饲料富含维生素 B_1 和维生素 E，但维生素 B_2、维生素 C 和维生素 D 的含量少。

(2)鸡常用的几种谷实类饲料

①玉米　玉米的有效能值高，号称“能量之王”，玉米含无氮浸出物高达 72%，以易消化的淀粉为主，其消化率达到 90%以上。但玉米中粗蛋白质含量低，只有 8%左右，且赖氨酸、蛋氨酸、色氨酸、胱氨酸较缺乏，蛋白质的品质较差。玉米含脂肪较高，含胡萝卜素较为丰富；矿物质钙含量很低。

②小麦　小麦的能值略低于玉米，蛋白质含量较高，为玉米的 150%，但小麦中的阿拉伯木聚糖、β-葡聚糖是家禽不易消化的，大

量使用时必须添加木聚糖酶和β-葡聚糖酶。另外，小麦的粗纤维含量也比玉米高，小麦粉碎太细会引起黏嘴现象，适口性降低。

2. 糠麸类饲料 一般谷实的加工分为制米和制粉两大类，制米的副产物称为糠，制粉的副产物则为麸。与其对应的谷物子实相比，糠麸类饲料的粗纤维、粗脂肪、粗蛋白质、矿物质和维生素含量高，无氮浸出物则低得多，营养价值随加工方法而异。

(1)营养特点 ①粗蛋白质含量10%～15%，且必需氨基酸含量也较高，蛋白质的数量与质量均高于禾本科子实，介于豆科与禾本科子实之间。②B族维生素含量丰富，尤其是维生素 B_1、维生素 B_5、维生素 B_3 及维生素 E 含量较丰富，其他维生素含量均较少。③糠麸类饲料物理结构疏松，容积大，具有轻泻性。④可作为载体、稀释剂和吸附剂。⑤无氮浸出物少，能量水平低。⑥粗纤维含量比子实高，约占10%。⑦含钙量低，矿物质中磷多钙少，磷多以植酸磷形式存在，不利于吸收。⑧米糠中粗脂肪含量达15%，其中不饱和脂肪酸高，容易酸败，难以贮存。⑨糠麸类饲料有吸水性，容易发霉变质。

(2)几种主要的糠麸类饲料

①小麦麸 小麦麸蛋白质含量在15%左右，代谢能较低，不适于用作肉鸡饲料，但对于种鸡、蛋鸡在不影响热能的情况下可尽量使用，这样可降低日粮的能量浓度，防止鸡体内过多沉积脂肪。

②次粉 次粉又称黄粉、黑粉，是面粉生产中的次级面粉，其代谢能值和蛋白质含量和小麦相当，其缺点是饲喂时糊嘴，多用于颗粒饲料，可提高饲料黏合度。

③米糠 米糠中脂肪含量较高，维生素 E 和 B 族维生素含量也较高。米糠中含有胰蛋白酶抑制因子，加热可使其失活，否则采食过多易造成蛋白质消化不良。此外，米糠中脂肪酶活性较高，长期贮存易引起脂肪变质。

3. 其他能量饲料

(1)液体能量饲料　主要有油脂、糖蜜、乳清。

(2)固体能量饲料　主要有干燥的面包房产品，干燥的甜菜渣和甘蔗渣等。

(二)蛋白质饲料

干物质中粗纤维<18%，同时粗蛋白质≥20%的饲料称为蛋白质饲料。主要包括植物性蛋白质饲料、动物性蛋白质饲料、单细胞蛋白质饲料。

1. 植物性蛋白质饲料

(1)豆类子实　饲用豆类专用于饲料的主要有大豆、豌豆、蚕豆和黑豆，这些豆类都是动物良好的蛋白质饲料。生豆中含抗营养因子，豆类生喂时饲用价值低，整喂时消化率低，有的甚至不能消化。若经加工压扁或粉碎处理，消化率即能显著提高。黑豆虽是优质蛋白质饲料，但也不能多喂，多喂易引起消化障碍。

绝大多数的豆科子实主要用作人的食物，只在必要的情况下，少量用作饲料。它们的共同营养特点是蛋白质含量丰富，达20%～40%，而无氮浸出物较谷实类低。

豆类饲料中矿物质与维生素的含量与谷实大致相似，钙含量虽稍高些，但仍比磷少，钙、磷比仍不适宜。

未经加工的豆类子实中含有多种抗营养因子，如抗胰蛋白酶、凝集素等，因此生喂豆类子实不利于动物对营养物质的吸收。蒸煮和适度加热，可以破坏这些抗营养因子，而不再影响动物消化。

大豆经膨化后，所含的大部分抗胰蛋白酶和脲酶等被破坏，适口性及蛋白质消化率也得以明显改善，在肉用畜禽日粮中作为部分蛋白质的来源，使用效果颇佳。

(2)饼粕类　饼粕类饲料是油料子实提取油分的产品，目前我国脱油的方法有压榨法、浸提法和预压—浸提法，用压榨法榨油的产品通称“饼”，用浸提法脱油后的产品称“粕”，饼粕类的营养价值因原料种类品质及加工工艺而异。浸提法的脱油效率高，故相应的粕中残油量少，而蛋白质含量比饼高；压榨法脱油效率低，因而与相应粕比较，含可利用能量高。

①大豆饼粕　大豆饼和大豆粕是我国最常用的一种主要植物性蛋白质饲料，营养价值很高，蛋白质含量高达45%左右，去皮大豆粕的粗蛋白质含量高达49%，蛋白质的消化率达到80%以上。大豆饼粕中赖氨酸含量较高，达到2.5%～2.9%，但蛋氨酸含量较低。

大豆饼粕中存在有抗营养物质如抗胰蛋白酶、脲酶、甲状腺肿因子、皂素、凝集素等。这些抗营养因子不耐热，适当的热处理即可灭活(110℃3分钟)，但加热过度会降低赖氨酸、精氨酸的活性，同时亦会使胱氨酸遭到破坏。

②菜籽饼粕　菜籽饼粕的粗蛋白质含量中等，在36%左右，其氨基酸组成特点是蛋氨酸含量较高，而精氨酸含量低。菜籽饼粕含硒量较高，而可利用能量水平较低。菜籽饼粕具有辛辣性，适口性不好，含有硫葡萄糖质、芥酸、异硫氰酸盐等有毒成分，对单胃动物(尤其是幼龄动物)毒害作用较大。其在饲料中的安全限量为蛋鸡、种鸡5%，生长鸡、肉鸡10%～15%。

③棉籽饼粕　脱壳后的棉仁饼粕中粗蛋白质含量可达40%以上，其精氨酸含量较高，而赖氨酸、蛋氨酸含量均较低。带壳的棉籽饼粕中粗蛋白质含量在28%左右，粗纤维较高。棉籽饼粕含有毒的游离棉酚，饲喂前应脱毒或控制喂量。一般产蛋鸡可用到6%。

④葵花籽饼粕　葵花籽饼粕中粗纤维含量较高，粗蛋白质含量28%～32%，其中赖氨酸较缺乏。

⑤花生仁饼粕　花生仁饼粕的适口性好，可利用能量高。粗蛋白质含量38%～48%，但氨基酸含量不平衡，精氨酸含量高，而

赖氨酸、蛋氨酸含量低。花生仁饼粕易感染黄曲霉素，造成雏鸡死亡，一般黄曲霉毒素不超过 50 微克/千克。

⑥其他饼粕　还有芝麻饼粕、胡麻饼粕、蓖麻饼粕等。

(3)其他加工副产品　在蛋白质饲料范畴内，还包括一些谷类的加工副产品糟、渣之类，如玉米面筋、各种酒糟与豆腐渣等。本类饲料有一共同特点，即都是在大量提走各种子实中的淀粉后的多水分残渣物质，残存物中粗纤维、粗蛋白质与粗脂肪的含量均相应地比原料子实大大提高，粗蛋白质含量在干物质中占 22%～42.9%而列入蛋白质饲料范畴。

2. 动物性蛋白质饲料

(1)营养特点　干物质中粗蛋白质含量高达 50%～80%，蛋白质所含必需氨基酸齐全，比例接近畜禽的需要；灰分含量高，特别是钙、磷含量很高，而且钙、磷比适当；维生素 B 族含量高，特别是核黄素、维生素 B_{12} 等的含量相当高；碳水化合物含量低，基本不含粗纤维。

(2)主要的动物性蛋白质饲料

①鱼粉　因原料种类和加工条件不同，鱼粉的营养价值差异很大，我国市场上的鱼粉包括进口鱼粉和国产鱼粉。鱼粉中不含粗纤维，蛋白质含量高，进口鱼粉中粗蛋白质含量 60%～72%，蛋白质品质好，赖氨酸和蛋氨酸含量很高，精氨酸含量低。鱼粉中矿物质和维生素含量丰富；另外，鱼粉还含有未知的生长因子(UGF)，能促进动物生长。

②肉骨粉　屠宰场或肉制品场的碎肉等经处理后制成的饲料叫肉粉，如果原料连骨头带肉，则制成品叫肉骨粉。肉粉、肉骨粉的品质与生产原料有很大关系，养分含量差异较大，粗蛋白质含量为 25%～60%，其中赖氨酸含量较高，而蛋氨酸和色氨酸含量较低；含水量 5%～10%，粗脂肪 3%～10%，钙 7%～20%，磷 3.6%～9.5%；烟酸、维生素 B_{12} 等 B 族维生素含量丰富，但缺乏

维生素 A、维生素 D。

此外，还有蚕蛹、血粉、乳清粉、羽毛粉、蚯蚓粉、昆虫粉等。

3. 单细胞蛋白质饲料

(1)单细胞蛋白质饲料的种类　酵母、微型藻、非病原菌和真菌。

(2)单细胞蛋白质饲料的生产特点　①原料丰富，如有机垃圾、工业废气、废液、纸浆、糖蜜、天然气等都可作为原料。②生产设备简单，可大可小。③能起到“变废为宝”保护环境，减少农田及江河污染的作用。④生产周期快、效率高，在适宜条件下细菌 0.5～1 小时，酵母 1～3 小时，微型藻 2～6 小时即可增殖 1 倍。⑤不与粮食生产争地，同时不受气候条件限制。⑥蛋白质含量高(30%～70%)，质量较好(介于动物性蛋白质与植物性蛋白质之间)。除维生素 B_{12} 之外，其他 B 族维生素含量丰富。

(3)单细胞蛋白质饲料存在的问题

①这类产品中有时含有“三致”物质(致畸、致癌、致突变)。②酵母一般具有苦味，对动物的适口性不好，特别是牛不喜采食，但羊、猪、禽尚能适应，不过一般也以不超过日粮中 10%为宜。

(三)矿物质饲料

动植物性饲料中虽含有一定量的动物必需矿物质，但舍饲条件下的高产家禽对矿物质的需要量很高，常规动植物性饲料常不能满足其生长、发育和繁殖等生命活动对矿物质的需要，因此应补以所需的矿物质饲料。

1. 提供钠、氯的矿物质饲料

(1)氯化钠　通常使用的是食盐，以植物性饲料为主的动物都应该补充食盐，食盐还可以改善口味，增进食欲，促进消化。食盐中氯含量为 60.65%，钠含量为 38.35%。

在鸡的风干日粮中食盐一般使用 0.25%～0.5%。确定食盐的用量时，还应考虑动物的体重、年龄、生产力、季节、水及饲料中盐的含量。

(2)碳酸氢钠　俗称小苏打。由于食盐中氯比钠多，鸡对钠的需要量一般比氯高，碳酸氢钠用于补充钠的不足，还是一种缓冲剂，可缓解热应激，改善蛋壳的强度。在日粮中使用0.2%～0.4%。

2. 含钙的饲料

(1)石粉　主要指石灰石粉，为天然的碳酸钙，含钙量34%～39%，是补钙的最廉价原料。石粉中镁、铅、汞、砷、氟等元素的含量必须在卫生标准范围之内才能作为饲料使用。石粉的粒度为0.67～1.30毫米。

(2)贝壳粉　由各类贝壳类动物的外壳(牡蛎壳、蚌壳、蛤蜊壳等)经过消毒、清理、粉粹而制成的粉状或颗粒状产品。其主要成分是碳酸钙，含钙量33%～38%。使用时应注意其中有无发霉、发臭的生物尸体。

3. 含钙与磷的饲料

(1)骨粉　动物骨头经过加热、加压、脱脂和脱胶后，经干燥、粉粹而成。因加工工艺不同，营养成分差异很大。蒸骨粉含钙30%，含磷14.5%；粗制骨粉(生骨粉)含钙23%，含磷10%。不能使用有异臭、有农药味、呈泥灰色的品质低劣的产品。

(2)磷酸盐　主要有磷酸氢钙，含钙23.3%，含磷18%；磷酸二氢钙，含钙15.9%，含磷24.6%。使用时要注意防止氟中毒。

4. 其他矿物质饲料

(1)沸石　是一种天然矿石，属铝硅酸盐类，含有25种矿物元素，其物理结构独特，有许多空腔和孔道，表面积大，它具有较强的吸附作用。沸石经常用作添加剂的载体和稀释剂。日粮中使用沸石还可以降低禽舍的臭味，减少消化道的疾病。沸石用作饲料时，粒度一般为0.216～1.21毫米。

(2)麦饭石　麦饭石在我国中医上曾被作为一种“药石”。麦饭石的主要成分是氧化硅和氧化铝,它有多孔性,具有很强的吸附性,能吸附像氨气、硫化氢等有害、有臭味的气体和大肠杆菌、痢疾杆菌等肠道病原微生物。

(3)膨润土　是以蒙脱石为主要组分的黏土,具有阳离子交换、膨胀和吸附性,能吸附大量的水和有机质。膨润土含硅约30%,还含磷、钾、锰、钴、钼、镍等动物所需要的元素。膨润土可用作微量元素的载体和稀释剂,也可用作颗粒饲料的黏合剂。

(4)海泡石　属特种稀有非金属矿石,具有特殊的层链状晶体结构,对热稳定,有很好的阳离子交换、吸附和流变性能。可吸附氨,消除禽舍的臭味。常用作微量元素的载体、稀释剂及颗粒饲料的黏合剂。

此外,还有稀土、凹凸棒石等。

(四)饲料添加剂

1. 饲料添加剂的作用　饲料添加剂是在配合饲料中特别加入的各种少量或微量成分。其主要作用是完善饲料的营养,提高饲料的利用效率,促进畜禽生长,预防疾病,减少饲料在贮存过程中的损失,改进畜禽产品的品质。饲料添加剂是配合饲料中不可缺少的成分,虽然只占配合饲料的4%左右,但却占配合饲料总成本的30%以上。

2. 饲料添加剂的基本条件　①长期使用不会对鸡体产生毒害作用和不良影响,对种禽不影响生殖生理及胚胎。②有明显的生产效果和经济效益。③在饲料和鸡体内具有较好的稳定性。④不影响家禽对饲料的采食。⑤在家禽产品中的残留量不超过标准,不影响家禽产品的质量和人体健康。⑥所用化工原料,其中所含有毒金属量不超过允许限度。⑦用作添加剂的抗生素或抗球虫药不易或不被肠道吸收。⑧不污染环境,有利于畜牧业可持续发展。

3. 饲料添加剂的种类　饲料添加剂的种类很多，一般分为两大类，一类是给家禽提供营养成分的物质，称为营养性添加剂，包括氨基酸、微量矿物元素、维生素；另一类是促进家禽生长、保健及保护饲料营养成分的物质，称为非营养性添加剂，主要有抗生素、酶制剂、抗氧化剂等。

(1)营养性添加剂

①氨基酸添加剂　主要产品有赖氨酸、蛋氨酸、色氨酸、苏氨酸添加剂。饲料中添加人工合成的氨基酸可以达到4个目的：节约饲料蛋白质，提高饲料利用率和动物产品产量；改善家禽产品的品质；改善和提高家禽消化功能，防止消化系统疾病；减轻家禽的应激症。

赖氨酸添加剂：动物只能利用L型赖氨酸，不能利用D型赖氨酸。生产中常用的商品为98.5%的L-赖氨酸盐，其生物活性只有L-赖氨酸的78.8%。在鸡的配合日粮中常添加赖氨酸添加剂。

蛋氨酸添加剂：在饲料工业中广泛使用的蛋氨酸添加剂有两类，一类是DL-蛋氨酸；另一类是DL-蛋氨酸羟基类似物及其钙盐。目前，使用最广泛的是粉状DL-蛋氨酸，纯度为99%。蛋氨酸是鸡的第一限制性氨基酸，在鸡的配合日粮中经常添加。

色氨酸添加剂：L-色氨酸的活性为100%，而DL-色氨酸的活性只有L-色氨酸的50%～80%。鸡体内色氨酸可转化为烟酸，其需要量与烟酸水平有关。

②微量矿物元素　微量矿物元素添加剂的原料基本上使用饲料级微量元素盐，不采用化工级或试剂级产品。常用微量矿物元素添加剂有：

铁	七水硫酸亚铁	含铁20.1%
铜	五水硫酸铜	含铜25.5%
锰	五水硫酸锰	含锰22.8%

锌	七水硫酸锌	含锌22.75%
硒	亚硒酸钠	含硒45.6%
碘	碘化钾	含碘76.45%
钴	七水硫酸钴	含钴21%

③维生素添加剂　维生素的化学性质一般不稳定，在光、热、空气、潮湿以及微量矿物元素和酸败脂肪存在的条件下容易氧化或失效。在确定维生素用量时应考虑以下问题：维生素的稳定性及使用时实存的效价；在预混合饲料加工过程（尤其是制粒）中的损失；成品饲料在贮存中的损失；炎热环境可能引起的额外损失。

市场上销售的维生素产品有两大类：复合维生素制剂和单项维生素制剂。

单项维生素：包括维生素（A、D_3、E 、K_3、B_1、B_2、B_6、B_{12}）、泛酸、烟酸、叶酸、生物素。

复合维生素：多种维生素的混合物。

胆碱：虽然复合维生素中含有一定量的胆碱，但由于不能满足生产需要，有时往往需要单独添加。常见的商品形式是氯化胆碱，氯化胆碱添加剂有两种形式：液态氯化胆碱和固态氯化胆碱。

维生素 C：因具有抗应激的作用，导致维生素 C 在生产中被广泛单独的使用。常用的维生素 C 添加剂有：抗坏血酸钠、抗坏血酸钙，以及被包被的抗坏血酸等。

(2)非营养性添加剂

①保健和促进生长添加剂

抗生素类：添加在饲料中能抑制有害微生物的繁殖，促进营养物质的吸收，使动物保持健康，提高动物的生产性能。在卫生条件差和日粮营养不完善的情况下，抗生素的作用更明显。抗生素添加剂的种类很多，常用的抗生素有：金霉素和泰乐霉素和红霉素、杆菌肽、黏杆菌肽、维吉尼亚霉素、莫能霉素、盐霉素、拉沙里霉素和林可霉素等。由于抗生素在动物体内和动物产品中残留，使人类疾病的治疗产生了危机。在使用抗生素添加剂时要注意以下问题：尽量选用动物专用的、吸收和残留少的、安全范围大的、无毒副作用的、不产生抗药性的品种，尽量不用广谱抗生素。严格控制使用对象和使用剂量，保证使用效果。对抗生素的使用期限做出严格的规定，避免长期使用同一抗生素。

人工合成的抑菌药物：人工合成的抑菌药物主要有：磺胺二甲基嘧啶（SM）、磺胺胍（SG）、磺胺嘧啶（SD）、磺胺喹噁啉（SQ）等，其作用类似抗生素。但同样存在药物残留和耐药性问题。

其他促生长剂：日粮中使用促生长剂可促进动物生长，提高饲料转化率，改善家禽羽毛生长。严禁使用危害人类健康的促生长剂，在使用和贮存过程中都必须严格管理，以减少环境污染问题。

②驱虫保健剂　驱虫剂的种类很多，一般毒性较大，只能短期使用，不宜在饲料中作为添加剂长期使用。否则，这些药物残留在畜禽产品中，会危害人类的健康。

驱虫性抗生素及药物：包括越霉素 A 和左旋咪唑。

抗球虫剂：在球虫病易发生阶段，应连续或经常投药，但多数药物长期使用易引起球虫产生抗药性，应穿梭或轮流用药，以改善药物的使用效果。常用的药物有：氨丙啉、马杜拉霉素、地克珠利等。

③益生素　又称益生菌剂，是将动物肠道细菌进行分离和培养所制成的活菌制剂，作为添加剂使用，可抑制肠道有害细菌的繁殖，起到防病保健和促进生长的作用。主要菌种有乳酸杆菌属、链球菌属、双歧杆菌属等。

④酶制剂　酶制剂常用于消化功能尚未发育健全的幼年动物和提供消化道缺少的酶类以分解饲料中的某些特殊成分。常用的酶制剂有纤维素酶、非淀粉多糖酶、植酸酶等单一酶或复合酶制剂，酶制剂用于饲料中可提高饲料消化率，节省营养资源。

⑤着色剂　着色剂用于家禽日粮中，可改善蛋黄、肉鸡屠体的

色泽。用作饲料添加剂的着色剂有两种，一种是天然色素，主要是植物中的胡萝卜素和叶黄素类；另一种是人工合成的色素，如胡萝卜素醇。

⑥中草药饲料添加剂　中草药饲料添加剂来源广泛、种类很多，不产生药物残留和抗药性。应用前景广阔，可用作饲料添加剂的中草药主要有以下几种。

理气健脾助消化：由麦芽、贯众、何首乌等配制。

补气壮阳、增强体质：如用刺五加浸剂饲喂母鸡，可提高产蛋量和蛋重；用山药、当归、淫羊藿添加在蛋鸡饲料中，可提高产蛋率。

扶正祛邪、驱虫消积、防制病毒：使用老鹳草全草、使君子、南瓜子等配制成复合制剂。

⑦饲料加工保存添加剂

抗氧化剂：在配合饲料或某些原料中添加抗氧化剂可防止饲料中的脂肪和某些维生素被氧化变质，添加量0.01%～0.05%。常用的抗氧化剂有乙氧基喹啉（山道喹）、丁基化羟基甲苯(BHT)。

防腐剂：在饲料保存过程中可防止发霉变质，还可防止青贮饲料霉变。常用的防腐剂成分为丙酸及其钠（钙）盐和苯甲酸钠。

非营养性添加剂还包括：酸化剂、调味剂、香料、激素制剂、黏结剂、流散剂、乳化剂、缓冲剂等。

第二节　蛋鸡营养需要

鸡的饲养标准是指根据科学试验结果，结合实践饲养经验，规定每只鸡在不同生产水平或不同生理阶段时，对各种养分的需要量。饲养标准中除了公布营养需要外，还包括鸡常用饲料营养成分表。这些都是配制鸡日粮的科学依据和指南。只有按饲养标准中规定的量平衡各种养分，鸡对饲料的利用率才能提高。然而，由于饲养标准中规定的指标是在试验条件下所得结果的平均值，并没有考虑饲养实践中的具体情况。因此，实际应用时应根据最新研究结果酌情调整。随着营养学理论研究的不断深入，新的营养素不断被发现。因此，不但饲养标准中各种养分的需要量会不断调整，使各养分之间的比例关系日趋合理，而且还需要随时考虑新的营养素。

在生产中鸡的饲料营养标准一般参照美国国家科学研究委员会（NRC）推荐的标准，由于 NRC 标准更新较慢，更多的是参照各育种公司的标准。近年来我们国家也制定了相关的饲料营养标准（NY/T 33—2004）。在饲料配制过程中，在参考该品种（品系）不同生长阶段的饲养标准时，要考虑体重、气温和饲料原料质量等因素，使所配饲料尽可能满足蛋鸡的生产需要。下面列举一些营养需要量标准，供蛋鸡生产者参考。

一、我国蛋鸡营养需要量推荐标准

见表 4-1，表 4-2。

表 4-1　生长蛋鸡营养需要（NY/T 33—2004）

营养指标	单　位	0～8 周龄	9～18 周龄	19 周龄至开产
代谢能	兆焦/千克	11.91	11.70	11.50
粗蛋白质	%	19.0	15.5	17.0
蛋白能量比	克/兆焦	15.95	13.25	14.78
赖氨酸能量比	克/兆焦	0.84	0.58	0.61
赖氨酸	%	1.00	0.68	0.70
蛋氨酸	%	0.37	0.27	0.34

续表 4-1

营养指标	单 位	0~8 周龄	9~18 周龄	19 周龄至开产
蛋氨酸+胱氨酸	%	0.74	0.55	0.64
苏氨酸	%	0.66	0.55	0.62
色氨酸	%	0.20	0.18	0.19
精氨酸	%	1.18	0.98	1.02
亮氨酸	%	1.27	1.01	1.07
异亮氨酸	%	0.71	0.59	0.60
苯丙氨酸	%	0.64	0.53	0.54
苯丙氨酸+酪氨酸	%	1.18	0.98	1.00
组氨酸	%	0.31	0.26	0.27
脯氨酸	%	0.50	0.34	0.44
缬氨酸	%	0.73	0.60	0.62
甘氨酸+丝氨酸	%	0.82	0.68	0.71
钙	%	0.90	0.80	2.00
总磷	%	0.70	0.60	0.55
非植酸磷	%	0.40	0.35	0.32
钠	%	0.15	0.15	0.15
氯	%	0.15	0.15	0.15
铁	毫克/千克	80	60	60
铜	毫克/千克	8	6	8
锌	毫克/千克	60	40	80
锰	毫克/千克	60	40	60
碘	毫克/千克	0.35	0.35	0.35
硒	毫克/千克	0.30	0.30	0.30

续表 4-1

营养指标	单　位	0～8 周龄	9～18 周龄	19 周龄至开产
亚油酸	%	1	1	1
维生素 A	单位/千克	4 000	4 000	4 000
维生素 D	单位/千克	800	800	800
维生素 E	单位/千克	10	8	8
维生素 K	毫克/千克	0.5	0.5	0.5
硫胺素	毫克/千克	1.8	1.3	1.3
核黄素	毫克/千克	3.6	1.8	2.2
泛　酸	毫克/千克	10	10	10
烟　酸	毫克/千克	30	11	11
吡哆醇	毫克/千克	3	3	3
生物素	毫克/千克	0.15	0.10	0.10
叶　酸	毫克/千克	0.55	0.25	0.25
维生素 B_{12}	毫克/千克	0.010	0.003	0.004
胆　碱	毫克/千克	1300	900	500

注：根据中型体重鸡制定，轻型鸡可酌减 10%；开产日龄按 5%产蛋率计算。

表 4-2　产蛋鸡营养需要(NY/T 33—2004)

营养指标	单　位	开产至高峰期	高峰后(<85%)	种　鸡
代谢能	兆焦/千克	11.29	10.87	11.29
粗蛋白质	%	16.5	15.5	18.0
蛋白能量比	克/兆焦	14.61	14.26	15.94
赖氨酸能量比	克/兆焦	0.64	0.61	0.63
赖氨酸	%	0.75	0.70	0.75
蛋氨酸	%	0.34	0.32	0.34

续表 4-2

营养指标	单　位	开产至高峰期	高峰后(<85%)	种　鸡
蛋氨酸+胱氨酸	%	0.65	0.56	0.65
苏氨酸	%	0.55	0.50	0.55
色氨酸	%	0.16	0.15	0.16
精氨酸	%	0.76	0.69	0.76
亮氨酸	%	1.02	0.98	1.02
异亮氨酸	%	0.72	0.66	0.72
苯丙氨酸	%	0.58	0.52	0.58
苯丙氨酸+酪氨酸	%	1.08	1.06	1.08
组氨酸	%	0.25	0.23	0.25
缬氨酸	%	0.59	0.54	0.59
甘氨酸+丝氨酸	%	0.57	0.48	0.57
可利用赖氨酸	%	0.66	0.60	—
可利用蛋氨酸	%	0.32	0.30	—
钙	%	3.5	3.5	3.5
总　磷	%	0.60	0.60	0.60
非植酸磷	%	0.32	0.32	0.32
钠	%	0.15	0.15	0.15
氯	%	0.15	0.15	0.15
铁	毫克/千克	60	60	60
铜	毫克/千克	8	8	6
锰	毫克/千克	60	60	60
锌	毫克/千克	80	80	60
碘	毫克/千克	0.35	0.35	0.35
硒	毫克/千克	0.30	0.30	0.30
亚油酸	%	1	1	1

续表 4-2

营养指标	单　位	开产至高峰期	高峰后(<85%)	种　鸡
维生素 A	单位/千克	8 000	8 000	10 000
维生素 D	单位/千克	1600	1600	2 000
维生素 E	单位/千克	5	5	10
维生素 K	毫克/千克	0.5	0.5	1.0
硫胺素	毫克/千克	0.8	0.8	0.8
核黄素	毫克/千克	2.5	2.5	3.8
泛　酸	毫克/千克	2.2	2.2	10
烟　酸	毫克/千克	20	20	30
吡哆醇	毫克/千克	3.0	3.0	4.5
生物素	毫克/千克	0.10	0.10	0.15
叶　酸	毫克/千克	0.25	0.25	0.35
维生素 B_{12}	毫克/千克	0.004	0.004	0.004
胆　碱	毫克/千克	500	500	500

二、青壳蛋鸡营养需要量推荐标准

见表 4-3。

表 4-3　苏禽青壳蛋鸡营养需要

名　称	单　位	育雏期 (0～6 周龄)	育成期 (7～18 周龄)	产蛋期 (19～72 周龄)
粗蛋白质	%	20	16	16.5
代谢能	兆焦/千克	11.70	11.29	11.50
蛋氨酸	%	0.40	0.35	0.34

续表 4-3

名　称	单　位	育雏期（0～6 周龄）	育成期（7～18 周龄）	产蛋期（19～72 周龄）
蛋氨酸＋胱氨酸	%	0.08	0.65	0.65
赖氨酸	%	1.00	0.70	0.75
钙	%	1.00	1.00	3.2～3.5
可用磷	%	0.40	0.40	0.45
每千克饲料中加				
硒	毫克	0.1	0.1	0.6
铁	毫克	20	20	20
锰	毫克	70	70	70
铜	毫克	10	10	10
锌	毫克	0.07	0.07	0.07
碘	毫克	0.001	0.001	0.002
钴	毫克	3	3	3
维生素 A	单位	8 800	8 000	11 000
维生素 D_3	单位	2 000	2 000	3 000
维生素 E	单位	15	10	35
维生素 C	毫克	10	10	10
维生素 B_2	毫克	5	5	6
维生素 B_6	毫克	5	2	2
维生素 B_{12}	毫克	0.009	0.008	0.02
烟　酸	毫克	30	30	30
泛酸	毫克	7.5	7.5	7.5
叶酸	毫克	0.5	0.5	0.5
生物素	毫克	0.1	0.07	0.07

第三节　蛋鸡饲料配方设计

一、全价饲粮配方设计的原则

(一)营养性原则

1. 选用合适的饲养标准　饲养标准是对动物实行科学饲养的依据，因此，经济合理的饲料配方必须根据饲养标准规定的营养物质需要量的指标进行设计，在选用饲养标准的基础上，可根据饲养实践中鸡的生长或生产性能等情况做适当调整，并注意以下问题。

(1)鸡对能量的要求　在鸡饲养标准中第一项即为能量的需要量，只有先满足能量需要的基础上才能考虑蛋白质、氨基酸物质、维生素等养分的需要，理由有三：①能量是家禽生活和生产中迫切需要的；②提供能量的养分在日粮中所占比例最大，如果配合日粮时，先从其他养分着手，而后发现能量不适时，就必须对日粮的组成进行较大的调整；③饲料中可利用能量的多少，大致可代表饲料干物质中碳水化合物、脂肪和蛋白质的高低。

(2)能量与其他营养物质间和各种营养物质之间的比例　应符合饲养标准的要求，比例失调、营养不平衡会导致不良后果。

(3)鸡制饲料配方中粗纤维的含量　鸡饲料配方中的粗纤维含量为3%～5%，一般在4%以下。

2. 合理选择饲料原料，正确评估和决定饲料原料营养成分含量　设计饲料配方应熟悉所在地区的饲料资源现状，根据当地各种饲料资源的品种、数量及各种饲料的理化特性及饲用价值，尽量做到全年比较均衡地使用各种饲料原料(表4-4)，应注意：

表 4-4 饲料配方中常用的饲料使用量大致的范围

饲料种类	谷物饲料	糠麸类	饼粕类	草叶粉类	动物性蛋白类	矿物质饲料	食 盐
添加量(%)	50～75	15～30	15～35	3～10	3～10	5～8	0.2～0.5

(1)饲料品质　应尽量选用新鲜、无毒、无霉变、质地良好的饲料。

(2)饲料体积　饲料体积过大,能量浓度降低既造成消化道负担过重,而影响动物对饲料的消化,又不能满足动物的营养需要;反之,饲料的体积过小,即使能满足养分的需要量,但因动物达不到饱腹感而处于不安状态,影响其生长发育及生产性能。

(3)饲料的适口性　饲料的适口性直接影响采食量,设计饲料配方时应选择适口性好、无异味的饲料,若采用营养价值虽高,但适口性却差的饲料则须限制其用量,对适口性差的饲料也可采用适当搭配适口性好的饲料或加入调味剂以提高其适口性,促使动物增加采食量。

3. 正确处理配合饲料配方设计值与配合饲料保证值的关系　配合饲料中的某一养分往往由多种原料共同提供,且各种原料中养分的含量与真实值之间存在一定差异;加之,饲料加工过程中的偏差,同时生产的配合饲料产品往往有一个合理的贮藏期,贮藏过程中某些营养成分还要因受外界各种因素的影响而损失,所以配合饲料的营养成分设计值通常应略大于配合饲料保证值。

(二)安全性原则

配合饲料对动物自身必须是安全的。发霉、酸败污染和未经处理的含毒素等饲料原料不能使用,饲料添加剂的使用量和使用期限应符合安全法规。

(三)经济性原则

饲料原料的成本在饲料企业生产及畜牧业生产中均占有很大比重,因此在设计饲料配方时,应注意达到高效益低成本。为此要求:

第一,饲料原料的选用应注意因地制宜和因时而异,充分利用当地的饲料资源,尽量少从外地购买饲料,既避免了远途运输的麻烦,又可降低配合饲料生产的成本。

第二,设计饲料配方时应尽量选用营养价值较高而价格低廉的饲料原料,多种原料搭配,可使各种饲料之间的营养物质互相补充,以提高饲料的利用效率。

二、配方设计方法

(一)交叉法(方形法、对角线法、四角法)

适用于饲料种类及营养指标少的情况。例如,要用玉米、豆粕、贝壳粉和5%预混料,配制一个蛋鸡产蛋料。因不添加油脂,所以以蛋白质和钙为首要满足条件,磷、限制性氨基酸、食盐、微量元素、维生素等由5%预混料来提供,同时已知5%预混料中钙含量为20%。

第一步,查蛋鸡饲料营养标准可知:粗蛋白质16.5%、钙3.5%

第二步,查营养成分价值表

粗蛋白质含量:玉米8.7%,豆粕44.2%

贝壳粉钙含量:33%

第三步,根据经验和养分含量计算可知,玉米和豆粕可提供钙0.1%,5%预混料可提供钙1%(20%×5%=1%),则3.5%－0.1%－1%=2.4%的钙需要贝壳粉来提供,那么贝壳粉添加量为:2.4%/33%=7.3%。

第四步,算出未加贝壳粉和5%预混料前混合料中粗蛋白质的应有含量。

因为配合好混合料再掺入贝壳粉和预混料,等于变稀。其中粗蛋白质就不足16.5%,所以要先将贝壳粉和预混料用量从总量中扣除,贝壳粉和预混料合计添加量为12.3%。100%-12.3%=87.7%,那么未加贝壳粉和预混料前混合料的粗蛋白质应为16.5/87.7=18.8%

第五步,将能量饲料玉米和蛋白质饲料豆粕两种料做交叉(沿对角线取绝对值):

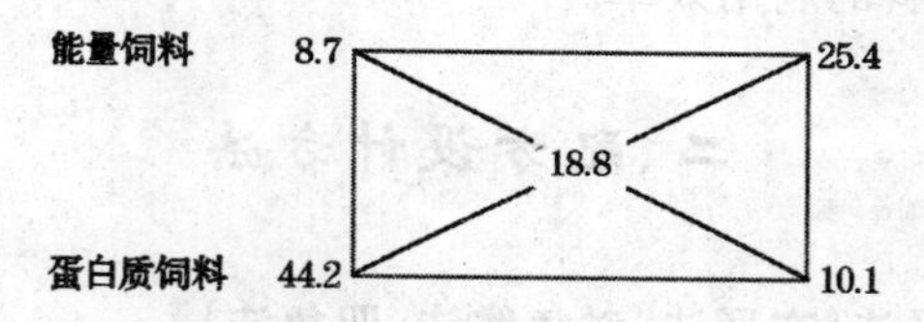

能量饲料应占比例=25.4/(25.4+10.1)×100%=71.55%

蛋白质饲料应占比例=10.1/(25.4+10.1)×100%=28.45%

第六步,计算出混合料中各成分应占的比例:

玉米:71.55%×87.7%=62.75%,豆粕:28.45%×87.7%=24.95%,贝壳粉7.3%,预混料5%,合计100%。

第七步,上面提到的能量饲料和蛋白质饲料可以是几种相同类型饲料的混合物,计算出混合物的平均蛋白质含量进行交叉,最后以各类饲料所占比例乘以混合比例即可。

(二)试 差 法

试差法是畜牧生产中常用的一种日粮配合方法。此法是根据饲养标准及饲料供应情况,选用数种饲料,先初步规定用量进行试配,然后将其所含养分与饲养标准对照比较,差值可通过调整饲料用量使之符合饲养标准的规定。应用试差法一般需要经过反复的调整计算和对照比较。具体步骤如下：

第一步，查找饲养标准，列出营养需要量。

第二步，查饲料营养成分价值表，列出所选用饲料的养分含量。

第三步，确定各种原料的大致用量，先确定矿物饲料、添加剂或预混料的用量，再确定需限量使用的饲料的用量，如菜籽粕、棉籽粕、鱼粉、血粉、蚕蛹粉、羽毛粉、麸皮、米糠、小麦等，然后确定玉米和豆粕的用量，如能量无法达到要求，则需要添加油脂。

第四步，计算各种营养指标，并与饲养标准比较，找出需要调整的部分。

第五步，根据试配日粮与饲养标准比较的差异程度，调整某些饲料的用量，并再进行计算和对照比较，直至与标准符合或接近为止，最终确定各种原料的用量。

(三)运用计算机设计饲料配方

可使用现成的电子计算机配方软件进行计算，不但营养成分计算全面平衡，还能算出最低成本配方。如无电子计算机配方软件，也可使用 Excel 中规划求解来计算，同样可以计算出最低成本配方，使用时一定要给某些饲料原料限量，否则计算出的配方就会不实用。

三、蛋鸡常用饲料配方

蛋鸡常用日粮以玉米豆粕型为主，也可根据当地饲料资源，选择利用部分能降低饲料成本的原料，而且要控制好添加量。现列举一些蛋鸡生产中常用的饲料配方，以供参考(表 4-5)。

表 4-5 蛋鸡常用饲料配方

饲料名称	雏鸡料		育成料	预产料	产蛋高峰料	产蛋后期料
使用阶段	0～3 周	4～7 周	8～17 周	18～20 周	19～45 周	46 周至淘汰
玉　米	58	64	69	63.8	57	58.4
豆　粕	35	29.7	24.7	25.7	29	27.5
豆　油	2	1.3	1.3	1.5	2.3	2.2
石　粉	0	0	0	4	3.2	3.4
贝壳粉	0	0	0	0	3.5	3.5
预混料	5	5	5	5	5	5
合　计	100	100	100	100	100	100

第四节　饲料加工调制和质量控制

一、饲料的加工调制

一般来说，未加工的饲料适口性差，难以消化。有些饲料，如饼粕类，鸡采食后经体内水分浸泡膨胀，易引起嗉囊损伤甚至胀裂，造成损失。因此，一般饲料在饲用前，必须经过加工调制。经过加工调制的饲料，便于鸡采食，改善适口性，增加食欲，提高饲料的营养价值。

常用的饲料加工调制方法，主要有：

（一）粉碎或磨碎

油饼类和子实类精饲料一般都须用粉碎的方法进行加工。因皮壳坚硬，整粒喂给不容易被消化吸收，尤其雏鸡消化能力差，只有粉碎坚硬的外壳和表皮后，才能很好地消化吸收。因此，为了更有效地提高各种精饲料的利用价值，整粒饲料必须经过粉碎或磨细。但是也不能粉碎得太细，太细的饲料不利于鸡采食和吞咽，适口性也不好。一般只要粉碎成小颗粒即可。因富含脂肪的饲料粉碎后容易酸败变质，不易长期保存，所以此类饲料不要一次粉碎太多。

（二）制　粒

粉状饲料的体积太大，运输和鸡采食都不方便，且饲料损失多，饲料的制粒则可以避免此种损失。可采用颗粒饲料机制成，一般是将混合粉料用蒸汽处理，经钢筛孔挤压出来后，冷却、烘干制成。这种饲料的营养全面，适口性好，便于采食，浪费少，国外多采用这种颗粒饲料，我国的饲料加工部门也大都采用颗粒饲料机生产鸡的颗粒饲料。

二、饲料的质量控制

饲料的加工过程也就是饲料质量的控制过程。饲料加工过程的质量控制主要包括原料的质量管理、加工中的质量管理和贮运中的质量管理。

（一）原料的质量管理

饲料原料质量是饲料质量的基本保证，只有合格的原料，才能生产出合格的产品。采购饲料原料时首要的是注意质量，不能只考虑价格；其次在运输、装卸过程中，要防止不良环境（潮湿，高温等）对原料质量的影响，防止包装破损及原料的相互混杂。原料接收进仓前，必须进行质量检验，定量分析有效成分，按国家有关质量标准进行对照，从而保证原料的质量能满足饲料生产的需要。原料接收后，必须合理摆放，必要时进仓前应进行清理除杂。在投料时，必须进行严格的核实，以防误投或错投原料，造成原料混杂而生产出不合格的饲料。此外，对原料仓要进行定期检查和清理，以防原料在仓中结块而影响下料，或发生霉变而影响饲料质量。正常情况下，应保持仓中存放的原料品种相对稳定，如改换其他品种原料时，必须将仓中原料出干净，确认仓中无残留后再放入新的原料，以杜绝料仓混料。

（二）加工中的质量管理

1. 粉碎过程 粉碎机操作人员应经常注意观察粉碎机的粉碎能力和粉碎机排出的物料粒度：粉碎机粉碎能力异常，可能是因为粉碎机筛网已被打漏，物料粒度则过大。如发现有整粒谷物或粒度过粗现象，应及时停机检查粉碎机筛网有无漏洞或筛网错位与其侧挡板间形成漏缝，若有问题应及时处理。经常检查粉碎机有无发热现象。如有发热现象，应及时排除可能发生的粉碎机堵料现象，观察粉碎机电流是否过载。此外，应定期检查粉碎机锤片是否已磨损，每班检查筛网有无漏洞、漏缝、错位等。

2. 配料系统 配料的准确与否，对饲料质量关系重大。操作人员必须有很强的责任心，严格按配方执行。人工称量配料时，尤其是预混料的配料，要有正确的称量顺序，并进行必要的投料前复核称量。对称量工具必须打扫干净，要求每周由技术人员进行1次校准和保养。在配料过程中，原料的使用和库存要每批每日有记录，由专人负责定期对生产和库存情况进行核查。

3. 混合过程 饲料的混合质量与混合过程的操作密切相关。原料添加顺序一般应先投量大的原料，量越少的原料越应在后面添加，如预混料中的维生素、微量元素和药物等。在添加油脂等液体原料时，要从混合机上部的喷嘴喷洒，尽可能以雾状喷入，以防止饲料结团或形成小球。在液体原料添加前，所有的干原料一定要混合均匀，并相应延长混合时间。更换品种时，应将混合机中的残料清扫干净。最佳混合时间取决于混合机的类型和原料的性质，一般混合机生产厂家提供了合理的混合时间，混合时间不够，则混合不均匀；时间过长，会产生过度混合而造成分离。

4. 制粒过程　制粒设备的检查和维护十分重要。每班应清理1次制粒机上的磁铁，清除铁杂。检查压模、压辊的磨损情况，以及冷却器是否有积料，定期检查破碎机辊筒纹齿和切刀磨损情况；检查疏水器工作状况，以保证进入调质器的蒸汽质量；每班检查分级筛筛面是否有破损、堵塞和黏结现象，以保证正常的分级效果。制粒的调质处理，对提高饲料的制粒性能及颗粒成型率影响极大。一般调质器的调质时间为10～20秒，延长调节时间，可提高调质效果，要控制蒸汽的压力及蒸汽中的冷凝水含量，调质后饲料的水分在16%～18%、温度在68℃～82℃。

5. 包装质量管理　检查包装秤的工作是否正常，其设定重量应与包装要求重量一致、准确计量，误差应控制在1%～2%，核查被包装的饲料和包装袋及饲料标签是否正确无误，成品饲料必须进行检验，打包人员要随时注意饲料的外观，发现异常，及时处理，要保证缝包质量，不能漏缝和掉线。

（三）贮运中质量管理

饲料在库房中应码放整齐，按“先进先出”的原则发放饲料；同一库房中存放多种饲料时，预留出一定间隔，以免发生混料或发错料。保证库房的清洁，仓库要有良好的防湿、防鼠、防虫条件。不能有漏雨现象。定期对饲料成品进行清理，发现变质或过期饲料，要及时请有关人员处理。预混料中的某些活性成分应避光、低温贮存，由于品种较多，应严格分开。成品必须贮存在干燥、避光、通风条件好的库房中，必要时应安装控温装置，做到低温保存。

饲料在运输过程中要防止雨淋、日晒，装卸时应注意文明操作，以免造成包装物破损。

第五章　蛋鸡饲养管理

第一节　蛋鸡育雏期的饲养管理

雏鸡是指从孵出到 6 周龄的小鸡。育雏是养禽生产中的一个重要环节，此阶段雏鸡培育的好坏，不仅影响到雏鸡的生长发育和养殖成本，而且还直接关系到育成鸡的整齐度和合格率，间接地影响到成年母鸡的生产性能，因此必须抓好育雏工作。育雏是为整个蛋鸡生产周期打基础的关键阶段。俗话说“育雏如育婴”，说明育雏工作是一项非常艰苦而细致的工作，所以每一个环节我们都应认真仔细。饲养一批健壮的雏鸡，需要做好以下几方面的工作。

一、育雏方式

(一)地面平养

地面平养就是在地面上铺上垫料，将雏鸡饲养于垫料上。地面一般为水泥或砖质地面，便于清洗。如不是水泥或砖质地面的，则鸡舍最好是地势高燥、沙壤土质。在铺垫料前最好撒一层生石灰，而且垫料要比水泥或砖质地面铺得厚。地面平养由于设备投资少、简单易行，饲养者操作方便而且便于观察，能较好地减少胸囊肿的发生，所以它是目前国内外普遍采用的饲养方式。

(二)平面网养

平面网养就是将雏鸡饲养于距离地面一定高度的网板上。其网眼大小一般不超过 1.2 厘米×1.2 厘米，可用铁丝网或特制的塑料网板,也可用竹子制成网板。平面网养可使鸡与粪便隔离,有利于控制球虫病和减少肠道病的传播,可因地选材,所以成本不是太高,在生产中普及速度很快。

(三)笼 养

笼养就是将雏鸡饲养于特制的金属笼内。可使鸡与粪便隔离,有利于控制球虫病和减少肠道病的传播,而且大大节约空间,但由于成本过高,所以一般只有大型鸡场才会使用。

二、加温方式

因地制宜地选择地下烟道、煤炉、锯末炉、保姆伞、红外线灯、热风炉、散热片等作为育雏热源,也可直接使用立体电热育雏笼进行育雏。

三、育雏前的准备

第一,防鼠。防鼠是生物安全方案中一个重要的方面。鼠类携带大量的细菌,可以导致严重的细菌性疾病。同时,鼠类还可能对雏鸡造成伤害。防鼠应从防止饲料溢出和及时堵住鸡舍内漏洞等方面开始。此外,必须进行定期的、适宜有效的灭鼠计划,如投药(通常使用含有抗凝血物质的鼠药)。专业灭鼠人员可以协助制定适宜的程序。

第二,控制人员进入鸡舍。应尽量减少人员进入鸡舍的次数,同时严禁其他动物,包括宠物进入鸡舍。如有关人员必须进入鸡舍,则应经过淋浴和更换鸡场内使用的专用衣服,至少要换鞋。鸡舍门口的消毒池要注入合适的消毒液,并保持一定的浓度和数量,对防止疾病传入有一定的帮助。

第三，清洗。不经过清洗的消毒是无效的。清洗前应清除鸡舍内所有的鸡粪和废弃物，并清理风机、天花板、照明灯等上面的灰尘。同时，料槽中剩余的饲料也必须清除。在清除鸡粪的时候，必须确保不要遗撒在鸡舍内或场区内，否则会给下一批鸡造成隐患。清扫工作完成后，开始进行清洗工作。清洗工作的重点是保证有足够的时间浸泡鸡舍和有关设备。浸泡几个小时后，开始用水冲洗，冲洗按从上至下的顺序进行，特别应注意死角，如墙壁、地面的缝隙。在进雏 7 天以前，必须将鸡舍及育雏用具进行彻底全面的清扫、冲洗。

第四，消毒。进雏前 5～6 天对鸡舍的地面、墙壁用 3%～5% 火碱溶液彻底喷洒。育雏用具要用消毒液浸泡消毒。在进雏前 3 天，将各种用品及垫料放入鸡舍，关闭门窗，并保持鸡舍内温度在 20℃左右，用福尔马林 28～42 毫升/米^3 熏蒸 24 小时后，进行彻底通风。

第五，消毒效力控制。清洗消毒后，应对其效果进行监测和检查，如果必要，则重复进行 1 次清洗消毒工作。首先进行感官检查，确认鸡舍和设备上是否有污物。其次，从鸡舍和设备表面采样进行细菌学分析。

第六，设备的安装与调试。在消毒完毕后，就应着手安装鸡舍设备，并加以调试。如料桶、饮水器是否充足，火炉有无跑烟、倒烟现象、升温能力如何，水电供应是否正常等。只有事先将可能出现的各种情况考虑周全，才不至于遇到特殊情况措手不及，造成不必要的损失。

第七，预温。在进雏前 24 小时，将育雏舍温升到 35℃，空气相对湿度 65%～70%，温度计和湿度计测量的高度在育雏面（地面或网面）上 5 厘米处。

第八，其他物资的准备。准备好育雏期要使用的药品、饲料、燃料、饮水和垫料等。

四、雏鸡的选择及运输

(一)雏鸡的选择

雏鸡的选择是培育高产蛋鸡的基础和关键。雏鸡的选择应该从以下几方面入手:雏鸡本身的选择、种鸡的日龄和健康状态的考察、育雏季节的选择等。雏鸡本身的好坏决定本批次养殖是否成功的一半,选择雏鸡时应注意如下方面。

1. 眼要有神　眼睛是否有神可以反映雏鸡健康状态的好坏。那些闭目合眼的雏鸡一定是病鸡和身体不健康的,这样的雏鸡不会培育出高产的蛋鸡。

2. 毛要光顺　初生雏鸡毛的光顺与否,可以反映出种鸡的健康状态和孵化过程中温度、湿度和氧气的供给。种鸡营养缺乏、孵化温度过高、湿度过低都会导致羽毛焦枯、粗乱、变短;温度过低、湿度过大,会使毛黏结、成绺、不光顺。

3. 爪要粗壮　爪部粗壮是雏鸡健康和孵化过程良好的又一标志。爪部干枯、无光泽的雏鸡,都是不健康的。

4. 脐要无痕　脐带愈合不好,往往是孵化温度、湿度不合适。脐带有一长丝、愈合不好或脐带发生炎症往往和孵化环境卫生状况不良,早期感染大肠杆菌、葡萄球菌、沙门氏菌有关。这样的雏鸡早期死亡率很高,发育也比较慢,均匀度差,在产蛋期不会出现明显的产蛋高峰。健康雏鸡应无血脐、钉脐、大肚脐,无毛区小。

5. 体要有力　用手握住雏鸡感觉胀手、有力,有明显的挣扎。如果手如握面团,那就不是健康雏鸡。俗语说的好,“手如握橡胶者健康,如握面团者病弱”。

6. 肛要无便　肛门周围干净,不沾有任何污物。如果肛门周围沾有粪便,或肛门下方有如线状的湿痕,为早期感染白痢沙门氏菌所致。一般表现为早期死亡或发育迟缓。

7. 叫声要响 健康雏鸡叫声洪亮，病弱雏鸡叫声凄惨、有气无力，有时呈痛苦呻吟状。民间常有“叫声如洪钟者健康，如破锣者病弱”的说法。

8. 体要均匀 均匀度高是培育高产蛋鸡的又一主要因素。国内目前仍以体重均匀度为考核指标，而国外不但考核体重指标，同时也考核胫长指标。体重和胫长不均匀，常常是因为种鸡健康程度不一、种蛋大小不一、种蛋贮存时间太长、孵化温度和湿度不合适等原因造成。换句话说，体重和胫长不均匀的鸡群培育不出高产鸡群。

9. 腹要紧缩 新生雏鸡腹部要收缩良好，富有弹性。肚子很大，紧张如鼓或柔软如绵的雏鸡都不是健康雏鸡。

10. 外观要好 活泼好动，无残缺。

（二）雏鸡接运

1. 在接雏时间上应注意 ①一定要按照种鸡场或孵化厂通知的接雏时间按时到达。②在雏鸡绒毛干后尽早起程运输，最好在出壳后 24 小时内到达育雏舍。如果远距离运输，也不能超过 48 小时，在运输途中最好饮水几次或饲喂一些含水量高的饲料如绿豆芽、菜叶，以减少路途死亡及脱水。③冬天和早春运雏时间应在中午前后进行；夏季应在早晨或傍晚凉爽时进行。

2. 运雏原则 ①稳快：行车平稳快捷、不可经常停车；②安全：安全驾驶；③舒适：防止闷、压、凉、热和出汗；④卫生：用具用前要清洗消毒；⑤检查：要定时检查，以便发现问题，及时解决。

五、育雏期饲养管理

(一)开　水

初生雏鸡第一次饮水称为“开水”。开水最好在出壳后24小时内进行。一般雏鸡运到舍内后，当大部分雏鸡起身活动并有觅食行为时，应尽快使其饮上水，及时饮水有利于促进胃肠蠕动、吸收残留卵黄、排出胎粪、增进食欲、利于开食。在第一天的饮水中应加入5%的葡萄糖和0.1%的维生素C，以消除因长途运输而引起的疲劳与应激，恢复体力。但葡萄糖只需用1天，时间过长，会影响卵黄吸收。进雏1周内的饮水应是25℃左右的温白开水，并在饮水中添加育雏保健药(如雏宝宝)或加入一定量的电解多种维生素、抗生素(防白痢)等。保证饮水器数量，一般40只鸡用1个与鸡龄相适应的饮水器。在开水时对不会饮水的雏鸡要及时调教，可将其喙放入水中。为了能让所有鸡都喝上水，可适当驱赶鸡群，让不愿走动的鸡也能接近饮水器并喝上水。

(二)开　食

给初生雏鸡第一次喂料叫开食。开食在出壳后24～36小时进行。一般在开水后3～4小时开食最适宜。开食的时间不宜过早，因为过早胃肠黏膜还很脆弱，易引起消化不良。另外，还影响卵黄吸收；开食也不宜过晚，过晚会使雏鸡体内残留的卵黄消耗过多，使之虚弱而影响发育。在最初一天，将小米或碎玉米撒在雏鸡饲料上，可减少雏鸡糊肛，防止痛风，用量为每只鸡6克左右。一定要坚持先开水后开食。

(三)温度控制

1. 雏鸡生长的适宜温度　这是养好雏鸡的关键。舍温过高或过低均不利雏鸡发育，具体温度见表 5-1。

表 5-1 雏鸡生长的适宜温度(℃)

周 龄	1～3 日龄	4～7 日龄	2 周龄	3 周龄	4 周龄	5 周龄	6 周龄以后
适宜温度	35～33	33～31	31～28	28～25	25～22	22～20	20～15
最高温度	38	36	34	33	31	30	29
最低温度	28	26	23	21	18	16	10

2. 调节温度的原则 ①前期比后期高；②夜间比白天稍高；③大风降温，雨雪天比正常晴天高；④冬、春育雏比夏、秋高；⑤免疫前后及雏鸡有病期间比平常要高。一般相差 1℃～2℃即可。

3. 怎样“看”鸡施温 所谓“看鸡施温”是指通过观察雏鸡的精神状态、活动表现及舍内分布情况来判断鸡舍温度是否适宜的方法(图 5-1)。

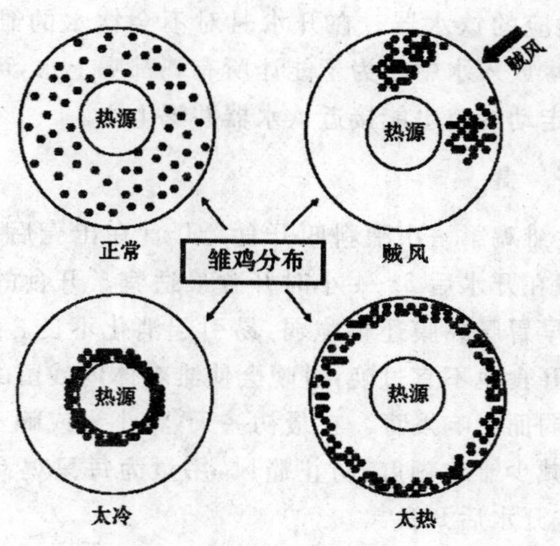

图 5-1 看鸡施温示意图

(1)温度适宜　雏鸡均匀分布在育雏舍内,活泼好动。采食饮水活跃,休息时伸脖伸腿。

(2)温度过高　雏鸡远离热源(如热炉),张口喘气,张翅下垂,饮水增加,发出吱吱的叫声。

(3)温度过低　雏鸡靠近热源,相互拥挤、扎堆,羽毛松乱,不爱活动,发出叽叽的叫声。

(4)舍内有贼风　贼风包括间隙风、穿堂风等,雏鸡群表现密集拥挤在育雏舍的某一侧,或贼风吹入口的两侧。

(四)湿度控制

湿度对雏鸡的健康和生长有很大影响。

1. 雏鸡适宜湿度　一般1～20日龄空气相对湿度为60%～70%为宜,20日龄以后空气相对湿度为50%～60%为宜。

2. 调节湿度的原则　在20日龄前因为育雏舍内温度较高,而且雏鸡排粪量少,舍内极易过于干燥,容易引起雏鸡脱水,并影响体内卵黄吸收。同时,由于舍内空气过于干燥,容易引起尘土飞扬,使雏鸡易患呼吸道疾病,此时需要增加舍内湿度。增加湿度的方法是在火炉上放置水盆烧开水以产生水蒸气。到20日龄后随着日龄增长,雏鸡采食量、饮水量、呼吸量、排粪量等都逐日增加,很容易造成舍内潮湿,高湿环境有利于细菌和球虫的繁殖,使雏鸡易发大肠杆菌病、曲霉菌病及球虫病。此时要通过更换垫料、增加通风、限水、防止饮水器中水外溢等方法降湿。

3. 如何通过观察和体验的方法判断舍内湿度

(1)湿度适宜　人进入舍内会有一种湿热感,长时间在鸡舍中人不会感到鼻干口燥;雏鸡的腿、趾润泽细嫩,羽毛柔顺光滑,鸡群活动时不易扬起灰尘。

(2)湿度偏低　人进入育雏舍时感觉鼻干口燥,鸡群大量饮水,鸡群活动时尘土飞扬。

(3)湿度过大　雏鸡羽毛黏湿、脏乱，舍内用具、墙壁上好像有一层露珠，到处感觉湿漉漉的。

(五)光照控制

光照不仅能保证雏鸡正常采食、饮水，而且影响到雏鸡达到性成熟的日龄。育雏期掌握光照时间的总原则是只能恒定和缩短，而不能延长，是为了防止早产、早衰。一般 3 日龄以内雏鸡每昼夜使用 23～24 小时光照，并且使用较亮的光，光照强度为 20 勒。4～7 日龄使用 20 小时，光照强度为 10 勒，第二周 18 小时，光照强度为 5～10 勒，第三周 12 小时，第四周过渡到自然光照。

(六)密度的控制

雏鸡的饲养密度，随着雏鸡日龄增加则越趋重要。因为雏鸡每天生长，所以饲养密度应逐渐减小，在密集饲养的环境条件下育成的雏鸡，最容易出现问题，如大小不均、容易发生呼吸道病等。通常鸡群饲养密度夏天要小，冬季可以稍大，春、秋天则介于两者之间。不同饲养方式的饲养密度见表 5-2。

表 5-2　育雏密度表

周　龄	密度(只/米²)		
饲养方式	地面饲养	网上饲养	笼　养
1	30	40	45
2	30	40	45
3	25	30	40
4	25	30	40
5	20	25	30
6	20	25	30
7	15	20	22
8	12	15	18

（七）通风的控制

通风换气的好处是排除鸡舍中氨气、二氧化碳、硫化氢等有害气体，改善舍内空气环境，减少呼吸道疾病的发生，同时排除鸡舍内多余的热量和水汽，尤其是在夏季。衡量通风是否适度的方法是以人进入舍内不感到空气刺鼻，眼不流泪，不憋闷，无过分的臭味为宜。鸡舍的通风和保温是一对矛盾，这一矛盾在秋、冬寒冷季节表现尤为突出。如何解决通风与保温的关系事关养殖的成败。不要因通风换气而使舍温突然下降，造成雏鸡受寒感冒；也不可为了鸡舍的保温而忽略了通风，使舍内空气质量下降，诱发多种疾病。具体操作方法如下：

第一，可在通风前提高鸡舍温度（一般 1℃～2℃），当通风使舍温降到原舍温时应立即停止通风。

第二，通风的时间尽量安排在晴天中午前后（上午 11 时～下午 3 时），通风时间不宜太长，通风次数可适当多些。

第三，开启门窗应从小到大逐步开启。

（八）体重控制

相关的研究表明，6 周龄体重大的鸡在产蛋期的产蛋性能较 6 周龄体重小的鸡要好得多，所以在育雏期培育达到或超过标准体重的雏鸡是至关重要的，为达到这一目标，必须采取以下相应的措施：

第一，提供较高蛋白质、能量水平，且营养全面的饲料，粗蛋白质必须达到 18%以上，能量必须达到 11.5 兆焦/千克以上。

第二，最好提供颗粒饲料，这样可提高采食速度，减少饲料浪费，保证摄入的营养全面。如无条件自配，可用肉雏鸡料代替。

第三，少喂勤添，刺激采食。

第四，加强疾病防治，尤其是寄生虫病，如球虫病、蛔虫病等，因这些疾病对生长速度影响较大。

第五，减少应激，应激也将影响鸡群的正常生长。

(九)整齐度控制

第一，控制饲养密度，饲养密度过大将导致整齐度较差。

第二，1 栋鸡舍内最好不要饲养 2 批或多批鸡。

第三，在育雏前期对鸡群进行免疫时，将体重较小的鸡挑出，单独饲养。在育雏期末对全群进行称重，按体重分为大、中、小 3 类，通过调整喂料量和喂料次数来调节体重。

第四，饲养员在每天喂料时，必须观察并将各间大、中、小 3 类鸡调整到相应的鸡群，调整时要保持各间原有的鸡数。

第五，各小间不得窜群，确保鸡数准确。

第六，保证充足的采食位置和饮水位置。

(十)雏鸡的断喙

1. 断喙目的 鸡在大群体高密度饲养时很容易出现啄羽、啄趾、啄肛等恶癖，断喙可以减少恶癖的出现，也可减少鸡采食时挑剔饲料造成的浪费。

2. 断喙时间 断喙一般在 6～10 日龄进行，此时断喙对雏鸡的应激较小。雏鸡状况不太好时可以往后推迟，一般鸡群在 35 日龄左右就可能出现互啄的恶癖，所以必须在这之前完成第一次断喙。青年鸡转入蛋鸡笼之前，对个别断喙不成功的鸡再修理 1 次。

3. 断喙方法 一般使用断喙器断喙，断喙时左于抓住鸡腿，右手拇指放在鸡头顶上、食指放在咽下稍使压力，使鸡缩舌，以免断喙时伤着舌头。幼雏用 2.8 毫米的孔径，在上喙离鼻孔 2.2 毫米处切断，应使下喙稍长于上喙，稍大的鸡可用直径为 4.4 毫米的孔。断喙时要求切刀加热至暗红色，为避免出血，断下之后应烧灼 2 秒左右。

4. 注意事项

第一，断喙的长短一定要准确，留短了影响雏鸡采食，造成终生残废，切少了又有可能再生长，需再次断喙。

第二，断喙对鸡是相当大的应激，在免疫或鸡群受其他应激状况不佳时，不能进行断喙。

第三，断喙后料槽应多添饲料，以免雏鸡啄食到槽底，创口疼痛。为避免出血，可在每千克饲料中添加2毫克维生素K。在饮水中加0.05%的多种维生素，可防止应激的危害。饲料中球虫药要加倍使用3天，防止由于采食减少引起球虫药摄入的减少，避免断喙后球虫病的暴发。

第四，注意观察鸡群，有烧灼不佳、创口出血的鸡应及时抓出重新烧灼止血，以免失血过多引起死亡。

（十一）日常管理中的注意事项

第一，鸡群是否安静。鸡群在舒适时是很安静的，环境不适或受到某种因素侵害时，鸡群处于紧张状态，叫声不宁，易惊恐扎堆。

第二，注意鸡群的精神状态。感染疾病或食物中毒等时，雏鸡精神不振，为一种亚健康状态。

第三，注意观察雏鸡的粪便干湿和色泽，判断鸡群的消化吸收和健康状况。雏鸡受凉时，粪便变稀，感染传染性支气管炎时会腹泻，患新城疫时粪便呈黄绿色。

第四，夜间注意倾听是否有异常呼吸音。雏鸡易患呼吸道病，早发现、早采取措施，可避免或减少损失。

第五，注意记录每天的采食量和饮水量。气候的变化、环境控制的失误以及感染病原微生物等，都会引起雏鸡饮水量和采食量的变化。

第六，注意检查白天和夜间的通风换气。特别要注意夜间留的通风口大小是否合适；注意记录鸡舍的最低最高气温，以便及时采取必要的调整措施。

第七，注意水槽或乳头式饮水器是否漏水、缺水，注意水槽的清洁程度和水面的深度是否合适。

第八，注意检查光照强度和光照时间是否合适。

第九，及时挑出病弱雏鸡单独处理，及时检出死雏，剖解分析死亡原因。

（十二）育雏成绩的判断标准

1. 育成率 育成率的高低是一个重要指标。良好的鸡群应该有98%以上的育雏成活率，但它只表示了死淘率的高低，不能体现培育出的雏鸡质量如何。

2. 平均体重 检查平均体重是否达到标准体重，能大致地反应鸡群的生长情况。良好的鸡群平均体重应基本上按标准体重增长，但平均体重接近标准的鸡群中也可能有部分鸡体重小，而又有部分鸡超标。

3. 鸡群的均匀度 每周末定时在雏鸡空腹时称重，称重时随机地抓取鸡群的3%或5%，也可圈围100～200只雏鸡，逐只称重，然后计算鸡群的均匀度。计算方法是先算出鸡群的平均体重，再将平均体重分别乘0.9和1.1，得到2个数字，体重在这2个数字之间的鸡数占全部称重鸡数的比例就是这群鸡的均匀度。如果鸡群的均匀度为80%以上，就可以认为这群鸡的体重是比较均匀的；如果不足70%，则说明有相当部分的鸡长得不好，鸡群的生长不符合要求。鸡群的均匀度是检查育雏好坏的最重要的指标之一。如果鸡群的均匀度低则必须追查原因，尽快采取措施。鸡群在发育过程中，各周的均匀度是变动的，当发现均匀度比上1周差时，过去1周的饲养过程中一定有某种因素产生了不良的影响，及时发现问题，可避免造成大的损失。

4. 健康状况 鸡群健康，新城疫、禽流感等疫病的抗体水平较高。

(十三)育雏失败原因分析

1. 第一周死亡率高的可能原因

(1)细菌感染 大多是由种鸡垂直传染或种蛋保管过程中及孵化过程中卫生管理上的失误引起的。

(2)环境因素 第一周的雏鸡对环境的适应能力较低,温度过低鸡群扎堆,部分雏鸡被挤压窒息死亡,某段时间在温度控制上的失误,雏鸡也会腹泻得病。一般情况下,刚接来的部分雏鸡体内多少带有一些有害细菌,在鸡群体质强壮时并不都会出现问题。如果雏鸡生活在不适宜不稳定的环境中,部分雏鸡就可能发病死亡。为减少育雏初期的死亡,一是要从卫生管理好的种鸡场进雏,其次要控制好育雏环境,前3天可以预防性地用些抗生素。如福诺,不仅可以预防一般的细菌病,还可以切断支原体的垂直传播。

2. 体重落后于标准的原因

(1)现在的饲养管理手册制定的体重标准都比较高 育雏期间多次免疫,还要进行断喙,应激因素太多,所以难以完全按标准体重增长。

(2)体重落后于标准太多时应多方面追查原因 可能的影响因素如下:①饲料营养水平太低。②环境管理失宜。育雏温度过高或过低都会影响采食量,活动正常的情况下,通风换气不良,舍内缺氧时,鸡群采食量下降,从而影响增重。③鸡群密度过大。鸡群内秩序混乱,生活不安定,情绪紧张,长期生活在应激状态下,影响生长速度。④照明时间不足,雏鸡采食时间不足,影响生长。

3. 雏鸡发育不齐的原因

(1)饲养密度过大 饲养密度大,鸡群位次关系混乱,竞争激烈,生活环境恶化,特别是采食、饮水位置不足,会使部分鸡体质下降,增长落后于全群。

(2)饲养环境控制失误 如局部地区温度过低,部分雏鸡睡眠时受凉，或通风换气不良等，产生严重应激，生长会落后于全群。如保温伞内有10%地方雏鸡休息不好，则会使30%以上的雏鸡生长受阻。

(3)疾病的影响　感染了由种鸡传来的白痢、支原体病等，或在孵化过程被细菌污染的雏鸡，即使不发病，增重也会落后。

(4)断喙失误　部分雏鸡喙留得过短，严重影响采食，增重受到影响。

(5)饲料营养不良　饲料中某种营养素缺乏或某种成分过多，造成营养不平衡，由于鸡个体间的承受能力不同，增长速度会产生差别。即使是营养很全面的饲料，如果不能使鸡群中的每个鸡都同时采食，那么先采食的鸡抢食大粒的玉米、豆粕等，后采食的鸡只能吃剩下的粉状饲料，由于粉状部分能量含量低、矿物质含量高，营养很不平衡，自然严重影响增重，使体力小的鸡越来越落后。

(6)未能及时分群　如能及时挑出体重小、体质弱的鸡，放在竞争较缓、更舒适的环境中培养，也能赶上大群的体重。

六、育雏期的疫病防治

(一)雏鸡的卫生管理

雏鸡幼弱，抗病能力低，一定要采用全进全出的饲养方式，严格实行隔离饲养，坚持日常消毒，适时确实地做好各种免疫，注意及时预防性用药。创造舒适稳定的生活环境，减少各种应激，就可以减少和杜绝疾病的发生。

(二)蛋鸡常用免疫程序

蛋鸡常用免疫程序见表5-3。

表 5-3 蛋鸡免疫程序

规定免疫日龄	免疫内容	方 法	用 量
出 雏	CVI 988(MD)液氮苗	颈部皮下注射	1.0 羽份
7	La Sota(ND)+IBH120 活苗	滴鼻、滴眼	1.5 羽份
10	ND+IB+IBD 三联油苗	颈部皮下注射	0.4 毫升
13	AI(H_9+H_5)油苗	颈部皮下注射	0.4 毫升
14	IBD 中等毒力活苗	滴 口	1.5 羽份
16	大肠、巴氏二联苗	左肩部注射	0.5 毫升
21	ND(La Sota)活苗	饮 水	3.0 羽份
24	IBD 中等毒力活苗	饮 水	2.0 羽份
30	IC 油苗	肩部注射	0.5 毫升
35	鸡痘苗	刺 种	3.0 羽份
45	IB H_{52}苗	饮 水	2.0 羽份
54	ND(La Sota)活苗	饮 水	3.0 羽份
60	AI(H_9+H_5)油苗	肩部注射	0.7 毫升
98	IC 油苗	肩部注射	0.5 毫升
105	鸡痘苗	刺 种	3.0 羽份
	大肠、巴氏二联苗	肩部注射	0.7 毫升
112	ND+IB+EDS 三联油苗	右侧肩部注射	3.5 羽份
	ND 活苗	饮 水	0.7 毫升
118	AI(H_9+H_5)油苗	右侧肩部注射	0.7 毫升

七、育维期日程管理

蛋鸡育雏期一般是指 0～6 周龄。因雏鸡体温调节功能差，这个时期是借助供暖维持体温的生长期。育雏的好坏，不仅影响到雏鸡的生长发育和养殖成本，而且还直接关系到育成鸡的整齐度和合格率，间接地影响成年母鸡的生产性能，因此必须抓好育雏工作。育雏是为整个蛋鸡生产周期打基础的关键阶段。俗话说“育雏如育婴”，说明育雏工作是一项非常艰苦而细致的工作。只有针对雏鸡的生理特点，制定一整套的饲养方案，对每一个环节都认真仔细，才能培养出健壮的雏鸡。

（一）育雏前期日程管理

育雏前期（0～3 周）的雏鸡体温调节功能较差，保温尤其重要。由于生长发育较快，但采食量又很少，所以必须供给营养成分较高，且营养平衡的全价饲料。由于母源抗体逐渐下降，所以必须做好各种疫苗的免疫接种。加强通风和湿度控制，重点做好鸡白痢和慢性呼吸道疾病的防治（表 5-4 至表 5-18）。

表 5-4　第一天日程管理表

7:30	雏鸡进入育雏舍后，先在雏鸡盒内休息 0.5～1 小时，然后清点鸡数，挑出弱雏、死雏，各栏或各笼的鸡数应大致相同，记录实际入舍鸡数
8:30	雏鸡第一次喂水，俗称“开水”，一般在出壳后 18～24 小时进行，饮水器放入后，将部分雏鸡的嘴放入水中蘸一下，调教雏鸡学会饮水
10:00—	巡视鸡群，重点检查温度是否适宜，观察鸡群是否扎堆或张口呼吸。观察鸡群是否抢水
13:00	雏鸡第一次喂料，俗称“开食”，一般在开水后 3～4 小时后进行
14:00	清洗饮水器，并换水
15:00	巡视鸡群
16:00	清扫地面，如湿度较低，清扫前可适度洒水
17:00	清洁料盘，添加饲料
18:00	清洗饮水器，并换水

续表 5-4

19:00	巡视鸡群
21:00	清洁料盘,添加饲料
22:00	清洗饮水器,并换水,填写饲养记录和饲养日报表
23:00	巡视鸡群
操作要点	舍内温度要求 32℃～35℃;温度计悬挂与鸡背同高;雏鸡入舍休息 0.5～1 小时是为了雏鸡体力恢复,并适应育雏舍环境;换水时先将饮水器清洗干净,然后加水;开食盘如有鸡粪,加料时要及时清理;开食盘内一次加料不要太多,做到勤添少加,减少浪费;光照时间 23 小时,光照强度 20～40 勒
重点提示	雏鸡第一周的饮水,最好用凉开水,水温 18℃～20℃,无法提供凉开水者,最好将冷水放在舍内预热几个小时后喂给。如饮冷水会引起雏鸡肠道不适,常排泡沫样粪便 40～60 只雏鸡 1 个饮水器,饮水器水量为 1/3～1/2,前 3 天饮水中加入水溶性维生素和治疗肠道病的抗生素 经历长途运输的雏鸡,最好在开水时加入 5%葡萄糖和 0.1%维生素 C,并防止"水中毒"
特别提示	采用煤炉加热的鸡舍,一定要注意排烟管道的密封和通畅,饲养员不要与雏鸡同住,防止人与雏鸡同时煤气中毒

表 5-5　第二天日程管理表

3:00	清洁料盘,添加饲料
4:00	清洗饮水器,并换水
5:00	巡视鸡群,将跑出笼外的雏鸡捉进笼内
8:00	清洁料盘,添加饲料
9:00	清洗饮水器,并换水
10:00	清扫地面
11:00	巡视鸡群

续表 5-5

13:00	清洁料盘,添加饲料
14:00	清洗饮水器,并换水
15:00	巡视鸡群
16:00	清扫地面
17:00	清洁料盘,添加饲料
18:00	清洗饮水器,并换水
19:00	巡视鸡群
21:00	添加饲料
22:00	换水、填写饲养记录和饲养日报表
23:00	巡视鸡群
操作要点	舍内温度要求 32℃～35℃;每次换水时清洗饮水器;根据采食情况及时加料,一定要勤添少加;检查鸡群时重点观察雏鸡的精神状态是否良好、是否扎堆或张口呼吸、饮水和采食是否异常、鸡粪形态和颜色,发现异常及时报告

表 5-6　第三天日程管理表

3:00	清洁料盘,添加饲料
4:00	清洗饮水器,并换水
5:00	巡视鸡群,将跑出笼外的雏鸡捉进笼内
8:00	清洁料盘,添加饲料
9:00	清洗饮水器,并换水
10:00	清扫地面
11:00	巡视鸡群
13:00	清洁料盘,添加饲料
14:00	清洗饮水器,并换水
15:00	巡视鸡群

续表 5-6

16:00	清扫地面
17:00	清洁料盘,添加饲料
18:00	清洗饮水器,并换水
19:00	巡视鸡群
21:00	添加饲料
22:00	换水、填写饲养记录和饲养日报表
23:00	巡视鸡群
操作要点	舍内温度要求32℃～35℃;每次换水时清洗饮水器;根据采食情况及时加料,一定要勤添少加;重点检查温度是否适宜;鸡群是否异常;鸡粪形态和颜色是否异常

表 5-7 第四天日程管理表

5:00	添加饲料
6:00	清洗饮水器,并换水
7:00	巡视鸡群,将跑出笼外的雏鸡捉进笼内
8:00	清扫地面
10:00	带鸡消毒
11:00	添加饲料
12:00	巡视鸡群
13:00	清洗饮水器,并换水
14:00	巡视鸡群
17:00	添加饲料
18:00	清扫地面
20:00	清洗饮水器,并换水
21:00	添加饲料
22:00	巡视鸡群、填写饲养记录和饲养日报表

续表 5-7

操作要点	舍内温度要求 30℃～33℃；每次换水时清洗饮水器；将 1/3 开食盘更换为小号料桶；重点检查温度是否适宜；鸡群是否异常；鸡粪形态和颜色是否异常。光照时间改为 22 小时，光照强度 20～30 勒
重点提示	笼养育雏一般从第四天开始使用小料桶，为减小应激，先用小号料桶替代部分开食盘，慢慢过渡到全部使用小号料桶，过渡期为 3～4 天 网上和地面平养一般从第十天开始过渡使用中号料桶

表 5-8　第五天日程管理表

5:00	添加饲料
6:00	清洗饮水器，并换水
7:00	巡视鸡群，将跑出笼外的雏鸡捉进笼内
8:00	清扫地面
10:00	带鸡消毒
11:00	添加饲料
12:00	巡视鸡群
13:00	清洗饮水器，并换水
14:00	巡视鸡群
17:00	添加饲料
18:00	清扫地面
20:00	清洗饮水器，并换水
21:00	添加饲料
22:00	巡视鸡群、填写饲养记录和饲养日报表
操作要点	舍内温度要求 30℃～33℃；每次换水时清洗饮水器；将 1/2 开食盘更换为小号料桶；重点检查温度是否适宜；鸡群是否异常；鸡粪形态和颜色是否异常
重点提示	加强鸡白痢防治

表 5-9　第六天日程管理表

5:00	添加饲料
6:00	清洗饮水器，并换水
7:00	巡视鸡群，将跑出笼外的雏鸡捉进笼内
8:00	清扫地面
10:00	带鸡消毒
11:00	添加饲料
12:00	巡视鸡群
13:00	清洗饮水器，并换水
14:00	巡视鸡群
17:00	添加饲料
18:00	清扫地面
20:00	清洗饮水器，并换水
21:00	添加饲料
22:00	巡视鸡群、填写饲养记录和饲养日报表
操作要点	舍内温度要求 30℃～33℃；每次换水时清洗饮水器；将 2/3 开食盘更换为小号料桶；重点检查温度是否适宜；鸡群是否异常；鸡粪形态和颜色是否异常
重点提示	断喙和新支二联滴鼻可同时进行

表 5-10　第七天日程管理表

6:00	清洗饮水器，并换水
7:00	添加饲料
8:00	巡视鸡群，将跑出笼外的雏鸡捉进笼内
9:00	清扫地面
11:00	巡视鸡群
13:00	清洗饮水器，并换水

续表 5-10

15:00	巡视鸡群
17:00	添加饲料
18:00	清扫地面
19:00	清洗饮水器,并换水
20:00	巡视鸡群、填写饲养记录和饲养日报表
操作要点	舍内温度要求 29℃～32℃;每次换水时清洗饮水器;开食盘全部更换为小号料桶;重点检查温度是否适宜;鸡群是否异常;鸡粪形态和颜色是否异常

表 5-11 第八天日程管理表

6:00	清洗饮水器,并换水
7:00	添加饲料
8:00	巡视鸡群,将跑出笼外的雏鸡捉进笼内
9:00	清扫地面
11:00	巡视鸡群
13:00	清洗饮水器,并换水
15:00	巡视鸡群
17:00	添加饲料
18:00	清扫地面
19:00	清洗饮水器,并换水
20:00	巡视鸡群、填写饲养记录和饲养日报表
操作要点	舍内温度要求 29℃～32℃;每次换水时清洗饮水器;重点检查温度是否适宜;鸡群是否异常;鸡粪形态和颜色是否异常;光照时间改为 20 小时,光照强度 10～20 勒
重点提示	6～8 日龄雏鸡进行新支二联活苗点眼、滴鼻,每只 1.2～1.5 羽份

表 5-12　第九天日程管理表

6:00	清洗饮水器，并换水
7:00	添加饲料
8:00	巡视鸡群，将跑出笼外的雏鸡捉进笼内
9:00	清扫地面
11:00	巡视鸡群
13:00	清洗饮水器，并换水
15:00	巡视鸡群
17:00	添加饲料
18:00	清扫地面
19:00	清洗饮水器，并换水
20:00	巡视鸡群、填写饲养记录和饲养日报表
操作要点	舍内温度要求 29℃～32℃；每次换水时清洗饮水器；重点检查温度是否适宜；鸡群是否异常；鸡粪形态和颜色是否异常
重点提示	育雏期要学会"看鸡施温"，即通过观察雏鸡的精神状态、活动表现及舍内分布情况来判断鸡舍温度是否适宜的方法

表 5-13　第十天日程管理表

6:00	清洗饮水器，并换水
7:00	添加饲料
8:00	巡视鸡群，将跑出笼外的雏鸡捉进笼内
9:00	清扫地面
11:00	巡视鸡群
13:00	清洗饮水器，并换水
15:00	巡视鸡群
17:00	添加饲料
18:00	清扫地面

续表 5-13

19:00	清洗饮水器,并换水
20:00	巡视鸡群、填写饲养记录和饲养日报表
操作要点	舍内温度要求 29℃～32℃;每次换水时清洗饮水器;重点检查温度是否适宜;鸡群是否异常;鸡粪形态和颜色是否异常
重点提示	雏鸡一般从第十天开始使用乳头式饮水器或普拉松自动饮水器,为减小应激,保留部分真空饮水器,慢慢过渡到全部使用自动饮水器,过渡期为 3～4 天 新城疫、传染性支气管炎和传染性法氏囊病三联灭活苗颈部皮下注射,每只 0.3～0.4 毫升 温度调节原则:前期比后期高;夜间比白天稍高;大风降温,雨雪天比正常晴天高;冬春育雏比夏秋高;免疫前后及雏鸡有病期间比平常要高。一般相差 1℃～2℃即可

表 5-14　第十一天日程管理表

7:00	清洗饮水器,并换水
8:00	添加饲料
9:00	巡视鸡群,将跑出笼外的雏鸡捉进笼内
11:00	清扫地面
14:00	巡视鸡群
15:00	清洗饮水器,并换水
16:00	添加饲料
17:00	清扫地面
18:00	巡视鸡群、填写饲养记录和饲养日报表
操作要点	舍内温度要求 28℃～31℃;重点检查温度是否适宜;鸡群是否异常;鸡粪形态和颜色是否异常
重点提示	学会通过感官判断舍内湿度

表 5-15　第十二天日程管理表

7:00	清洗饮水器,并换水
8:00	添加饲料
9:00	巡视鸡群,将跑出笼外的雏鸡捉进笼内
11:00	清扫地面
14:00	巡视鸡群
15:00	清洗饮水器,并换水
16:00	添加饲料
17:00	清扫地面
18:00	巡视鸡群、填写饲养记录和饲养日报表
操作要点	舍内温度要求 28℃～31℃;重点检查温度是否适宜;鸡群是否异常;鸡粪形态和颜色是否异常
重点提示	进行传染性法氏囊病疫苗饮水或滴口免疫,多使用中等毒力的毒株,每只 1.2～1.5 羽份 密度的控制:雏鸡的饲养密度,随着雏鸡日龄增加逐渐减小。2 周龄内饲养密度:每平方米笼养 40～45 只,网上平养 35～40 只,地面平养 25～30 只

表 5-16　第十三天日程管理表

7:00	清洗饮水器,并换水
8:00	添加饲料
9:00	巡视鸡群,将跑出笼外的雏鸡捉进笼内
11:00	清扫地面
14:00	巡视鸡群
15:00	清洗饮水器,并换水
16:00	添加饲料
17:00	清扫地面

续表 5-16

18:00	巡视鸡群、填写饲养记录和饲养日报表
操作要点	舍内温度要求 28℃～31℃；重点检查温度是否适宜；鸡群是否异常；鸡粪形态和颜色是否异常
重点提示	在活疫苗使用前 1 天和免疫后 2 天不要进行带鸡消毒 带鸡消毒最好选在一天气温较高时进行，育雏常用消毒设备为喷雾器，喷嘴应在鸡只的上方约 50 厘米处，用水量为每立方米鸡舍 50～100 毫升，常用的消毒药有季铵盐类、碘制剂和络合醛类等，按推荐浓度稀释使用

表 5-17　第十四天日程管理表

7:00	添加饲料
8:00	巡视鸡群，将跑出笼外的雏鸡捉进笼内
9:00	清扫地面
14:00	巡视鸡群
16:00	添加饲料
17:00	清扫地面
18:00	巡视鸡群、填写饲养记录和饲养日报表
操作要点	舍内温度要求 28℃～31℃；重点检查温度是否适宜；鸡群是否异常；鸡粪形态和颜色是否异常。鸡群是否有啰音、咳嗽和怪叫声
重点提示	加强球虫病的防治

表 5-18　第三周日程管理表

7:00	添加饲料
8:00	巡视鸡群，将跑出笼外的雏鸡捉进笼内
9:00	清扫地面

续表 5-18

11:00	带鸡消毒
14:00	巡视鸡群
16:00	添加饲料
17:00	清扫地面
18:00	巡视鸡群、填写饲养记录和饲养日报表
操作要点	舍内温度要求 25℃～28℃；检查鸡群时重点观察温度是否适宜，以及鸡粪形态和颜色是否异常
重点提示	光照时间改为 18 小时，光照强度 10 勒 16 日龄颈部皮下注射禽流感 H_5+H_9 二联灭活苗，每只 0.4 毫升 21 日龄新支二联活苗饮水，每只 2 羽份 加强育雏期通风的控制

(二)育雏后期日程管理

育雏后期(4～6 周)的雏鸡体温调节功能逐渐趋于完善，但还不能完全适应外界环境温度变化，所以还需保持一定温度。为了让雏鸡能完全适应外界温度，必须逐渐下降育雏温度，让雏鸡慢慢适应，直至不需加温。育雏后期由于呼吸量和排泄量增大，加上正值换羽期，鸡舍内有害气体、绒毛、湿度和灰尘激增，很容易诱发慢性呼吸道病，进而并发大肠杆菌病，所以此阶段应加强通风、降尘和湿度控制，重点做好慢性呼吸道病和大肠杆菌病的防治（表 5-19 至表 5-21）。

表 5-19　第四周日程管理表

7:00	添加饲料
8:00	巡视鸡群，将跑出笼外的雏鸡捉进笼内
9:00	清扫地面

续表 5-19

11:00	带鸡消毒
14:00	巡视鸡群
16:00	添加饲料
17:00	清扫地面
18:00	巡视鸡群、填写饲养记录和饲养日报表
操作要点	舍内温度要求 22℃～25℃；检查鸡群时重点观察温度是否适宜，加强通风
重点提示	光照时间改为 16 小时，光照强度 5～10 勒，炎热气候下全开放式育雏为 18 小时 24 日龄传染性法氏囊病，中等毒力活苗饮水，每只 2 羽份 28 日龄传染性喉气管炎疫区使用传染性喉气管炎活苗饮水，每只 1 羽份。非疫区不需要免疫

表 5-20　第五周日程管理表

7:00	添加饲料
8:00	巡视鸡群，将跑出笼外的雏鸡捉进笼内
9:00	清扫地面
11:00	带鸡消毒
14:00	巡视鸡群
16:00	添加饲料
17:00	清扫地面
18:00	巡视鸡群、填写饲养记录和饲养日报表
操作要点	舍内温度要求 20℃～23℃；检查鸡群时重点观察温度是否适宜，加强通风
重点提示	32 日龄鸡痘活苗刺种，每只 3 羽份 35 日龄传染性鼻炎灭活苗肌内注射，每只 0.5 毫升

表 5-21　第六周日程管理表

时间	内容
7:00	添加饲料
8:00	检查鸡群,将跑出笼外的雏鸡捉进笼内
9:00	清扫地面
11:00	带鸡消毒
14:00	检查鸡群
16:00	添加饲料
17:00	清扫地面
18:00	检查鸡群、填写饲养记录和饲养日报表
操作要点	舍内温度不低于 18℃,则不需要加温;检查鸡群时重点观察鸡粪形态和颜色是否异常,加强通风
重点提示	育雏期体重和整齐度控制 6 周龄体重必须达到手册要求,并且整齐度达到 75%以上,才能发挥蛋鸡正常产蛋性能

第二节　蛋鸡育成期的饲养管理

一、转　群

一些鸡场在鸡群满 6 周龄后,需要转入育成鸡舍。为了将转群应激减到最小,在转群时需注意以下问题。

第一,鸡群转入前必须对鸡舍及设备进行清洗消毒。

第二,鸡群转入前应仔细检查和修理各项设备,确保风机、降温系统、喂料机、刮粪机等设备正常运转,饮水器不漏水。若是转入平养鸡舍,应铺设好清洁干燥的垫料。

第三，转群前应计算好新鸡舍的最大允许饲养量和料槽、饮水器是否准备充足。

第四，如果平养鸡群感染蛔虫等线虫病，应在转入平养鸡舍前2天连续喂2次驱虫药；若转入笼养则在转群前1天喂1次驱虫药，转入鸡笼后再喂1次驱虫药。

第五，在转群后的鸡饲料中添加抗球虫药。

第六，转群前1周内尽可能不要进行免疫接种，以减少应激，提高免疫应答效果，同时防止到新鸡舍排毒。

第七，对有神经质的鸡，转群时要特别精心，必要时可在临捉鸡前饲喂镇静剂，使其驯顺，可减轻应激腹泻程度。

第八，转群可以用转群笼，或用手提双腿转移，用手提时一次不可抓提太多，每只手里不应超过5只。动作一定要轻缓，不可粗暴。每个转群笼不要装太多的鸡，不能让鸡在转群笼中背朝笼底；提鸡时要提2条腿，绝不能只提1条腿，否则易产生后期跛行，不能抓翅膀，易折断翅膀，也不能捉鸡颈项。

第九，转群时要注意淘汰病、弱、小、伤残鸡和性别误鉴鸡。

第十，转群笼移位过程中，应将笼底向上提离物体表面，切不可拖行，谨防刮断伸出笼底的脚趾。

第十一，可结合转群将每只鸡称重，并按体重大、中、小相应分放到不同鸡笼或不同间。

第十二，不同品种(系)的鸡转群时不要混杂。

第十三，为减少应激，夏季应在清晨开始转群，午前结束。冬季应在较温暖的午后进行，避开雨雪天和大风天。

第十四，当天转群之前，应少喂料或不喂料，转入新鸡舍后应立即喂料、喂水。

第十五，转群前采用普拉松饮水器的鸡转入笼养鸡舍后，应立即教其学会啄饮水器乳头。

第十六，如果转入鸡还不习惯新的采食设备，可先放置少量原来使用的采食设备，逐步过渡。

第十七，转入鸡舍要按体重分级等情况准确计数并记录。

第十八，长途转群途中不宜停车，并且车厢中央及每层笼子间应留有空隙，以便通风散热。

第十九，注意育成鸡舍温度，特别是在秋季、冬季和开春时节，必须将舍温升到与当时育雏舍相当的程度，不得低于育雏舍 4℃以上，否则可能会引发呼吸道病和其他疾病。

第二十，转群鸡最初几天若遇到环境温度激烈下降，育成鸡温度又无法达到要求，则夜间应安排人看护鸡群，否则易引起挤压死亡。

第二十一，由平养转入笼养的最初几天，要及时将从笼中跑出的鸡捉回笼中采食、饮水。

第二十二，为避免刚转群的鸡互啄打架，转群后的 2 天内，应使舍内光照弱些、时间稍短些，待相互熟悉后再恢复正常光照。

第二十三，转群后进入一个陌生的环境，面对不熟悉的伙伴，对鸡来说是个很大的应激，采食量的下降也需 2～3 天才能恢复。如果鸡群状况不太好时，不要同时进行免疫，以免加重鸡的应激反应，必要时可饲喂多种维生素和抗生素防止鸡群发病。

二、体重控制

现代蛋鸡的产蛋数在逐年增加，总产蛋量也在不断的增加，料蛋比在逐年下降，开产日龄每年提前 1～1.5 天，褐壳蛋鸡几乎提前了 2 周。产蛋鸡的体重在减轻，意味着维持需要在减少。可是许多生产者只是到现在才开始认识母鸡的早熟问题，因为他们发现常规的饲喂方案已不再起作用了，尤其对于许多褐壳蛋鸡的品系。而且再也不能将鸡在 21～22 周龄转入蛋鸡舍，因为这样必然会产生一些管理上的问题。同样，如果在 16～18 周龄出现第一个蛋,说明我们必须认真检查以前的育成方案。如今营养管理成功的关键是使后备母鸡达到最大的体重。在性成熟时体重能达到或稍高于标准的后备母鸡必然是最高产的蛋鸡。因此,在理想的性成熟年龄培养出“重的”后备母鸡,是解决目前养鸡工业中许多问题的关键。在这种情况下,“重”是指使鸡以最佳能量平衡进入性成熟的体重与体况。遗憾的是欲达到理想的、符合年龄的体重不总是那么容易,尤其在希望早熟或当不良环境条件占优势时更为困难,后备母鸡的能量采食量是生长速度的制约因素,因为无论日粮规格如何,后备母鸡好像采食相似数量的能量。对于体重是适宜早产的重要指标这点已相当明确,但在最佳体结构和体成分方面尚缺乏足够的证据。人们讨论体格的大小并经常将它用于种鸡的管理指南作为一种监控生长发育的方法。众所周知,90%的体架是在早期发育的,因此后备母鸡体格的大小已在12～16周龄前定型。作为一种监控工具,它是一个有用的指标,应鼓励测定。但是,在不影响体重却又影响体格大小方面的努力还没有获得成功。因此,似乎很难依靠营养调节培育出体重低于指标而体格大于平均数的后备母鸡。与晚熟的鸡相比,早熟的鸡到达性成熟的年龄显然要早,但体重却与晚熟鸡相似。早熟鸡到了最小生理年龄时,好像只要达到临界水平的体重量就开始产蛋;而晚熟的鸡在相同的年龄却达不到开产所要求的体重量。最近的报道指出,在性成熟前需要有一定的瘦肉量。在一些用少量鸡只进行的研究中,没有发现产每一个蛋的年龄与体脂百分数或体脂肪绝对量之间的相关。虽然在体成分与性成熟之间尚未出现明显的相关,但在接近产蛋高峰时那些有能量储备的鸡只似乎在以后不容易出现麻烦的问题。我们往往看到在采用高能配方时氨基酸采食量不足的现象,其后果是在性成熟时后备母鸡既小又肥。例如,传统的方案是饲喂6周育雏日粮,接着是育成期日粮。这样的方案并不考虑每个鸡群的变异,这就可能对体重不足的鸡群构成最大的危害。大多数鸡群在4～6周龄时经常体重不足，它可能由一系列因素所引起，诸如营养不良、热应激以及疾病等。只是因为鸡群已到了规定的年龄，便任意采用育成日粮的做法危害最大。如今我们必须给雏鸡饲喂高营养浓度的日粮直至达到体重指标。鸡为能量需要量而采食，虽然不是那么准确，但变化不大。因此，能量、蛋白质平衡非常重要，概念是按照鸡群的体重与体况提供配方，而不是按照年龄。如果在6周龄给鸡群改喂育成料，就会产生问题，致使鸡群的体重直至性成熟龄都可能一直会较小，然后是性成熟晚，产蛋率不高而且蛋小。延长饲喂育雏日粮是"纠正"这类鸡群的最有效途径。当鸡群差不多达到体重指标的低限，此时可以改喂育成料。由于鸡群表现出冲刺般的生长，则饲喂至12周龄也可能是经济的；这样，鸡群体重"重"了。我们已将一个体重不足并具潜在问题的鸡群改造为体重稍高于指标并在高峰时能发挥最大遗传潜力的鸡群。一些生产者，往往为饲喂高蛋白质日粮至10～12周龄太昂贵而争论。根据当地的经济条件，饲喂18%粗蛋白质的育雏日粮至12周龄，而不是6周龄的成本相当于2个鸡蛋的价值。与体格小而体重不足者相比，性成熟时理想的后备母鸡的产量将远远超过那2个蛋。

育成期体重控制应注意以下几点：

第一，育雏日粮将使用到达目标体重。褐壳蛋鸡在育雏期末，即6周龄时体重能达到500克以上。但每个鸡群会受不同的环境条件的影响，因此该指标可能会变化。当鸡群达到理想的目标体重时，我们建议要达到种鸡公司育雏曲线的上限时，才更换成营养浓度较低的育成料。机械的在6周龄末更换育成料可能造成鸡群体重严重不足。如果体重不能达标，将育雏料用到10～12周龄也是较为有效和经济的做法。

第二，现代蛋鸡体格的发育主要在12周龄前，因此在7～12周龄一般不进行限饲，饲喂的日粮营养要平衡，尤其是蛋白质的含量一定要能满足鸡体发育的需要。

第三，13～18 周龄要控制鸡群不能长得太肥，限饲的料量为自由采食量的 80%～90%，具体料量应根据体重来定，使体重达到目标体重或超过目标体重，只要不超过目标体重 10%即可。对于体重不达标的个体则不必限饲。

第四，必须定期对鸡群称重，只有了解鸡群的体重情况，才能做出正确的调整。

第五，育成期间鸡遭受应激，会导致每日采食量的减少，因此需要增加营养摄入来弥补应激造成的体重下降。

三、整齐度的控制

(一)整齐度对产蛋性能的影响

整齐度显著影响产蛋数，育成期整齐度高的鸡产蛋数就高，反之则低。开产的第一周是产蛋的练习阶段，第二周开始就进入高产期。如果鸡群体重很均匀，大多数鸡能在相近的日龄开产，开产之后产蛋率上升很快，几乎在 2～3 周就能达到产蛋高峰。体重差异大的鸡群，有些鸡开产很早，而体重小的鸡开产又很晚，因此产蛋率上升缓慢，产蛋高峰不高，高峰期也维持不长。所以，在育成期及时调整饲养管理控制体重，是一件不可忽视的工作。

(二)整齐度的控制

第一，鸡的体重大小在 12～15 周龄时已经定型，在这之后无论怎样努力，体重小的鸡也难以改变其在鸡群中体重小的位置。所以，必须在育成前期注意鸡群的体重。

第二，控制饲养密度，饲养密度过大将导致整齐度较差。

第三，在育成期开始即对鸡群进行分群，按大、中、小来分，达标的按正常饲喂，超标的控制采食量，没有达标的提高营养浓度和刺激采食。

第四，每周或隔周称重，对分群的各个群体都要称，根据体重及时调整料量。

第五，对体重小的鸡群一定要单独组群，提高其饲料营养浓度，同时刺激其多采食。

第六，一栋鸡舍内最好不要饲养2批或多批鸡。

第七，平养育成的鸡舍，饲养员在每天喂料时，必须观察并将各舍大、中、小3类鸡调整到相应的鸡群，调整时要保持各舍原有的鸡数。各小间不得窜群，确保鸡数准确。

第八，笼养育成的鸡舍，喂料时必须要均匀，并及时均料，如限饲则每列笼的饲料量必须准确称量。

第九，保证充足的采食位置和饮水位置。

第十，加强疾病防治，尤其是寄生虫病，如球虫病、蛔虫病等，因这些疾病对整齐度影响较大。

四、光照管理与性成熟控制

研究表明，10～12周龄后是鸡一生中对光照最敏感的时期，此期间的光照能左右母鸡的性成熟。一般来说，达到50%产蛋率的标准日龄可作为育成期光照是否合理的指标。不同季节培育的雏鸡性成熟的日龄不一样，10月份至翌年2月份引进的雏鸡，由于生长后期处在日照时间逐渐延长的季节，容易早产；4月份到8月份引进的雏鸡生长后期日照时间逐渐缩短，鸡群容易推迟开产。鸡群过早或过晚开产都会严重影响经济效益。如果鸡体还没长成就被催促开产，常使小母鸡采食的饲料不能满足各方面的营养需要，结果导致体重增长迟缓、瘦弱，蛋重也长期不见增大，脱肛和被啄肛的现象很多。由于体质差，缺乏维持长期高产的体力，一般产蛋高峰维持的时间不长。同时，在高峰期鸡体负担沉重，抵抗力下降，容易感染种种疾病而使产蛋率不稳定或突然下降。开产过早的鸡群死淘率一般要超过正常鸡群数倍；相反，如果到了该下蛋的日龄仍不开产，推迟一天就要多花一天的育成费用。所以，要有计划地让鸡群在适当的日龄开产，控制性成熟就成了育成鸡管理中的一个重点。现在的鸡群在130～140日龄开产较为合适，技术经验不足的情况下，稍晚一点开产较为安全。对不同季节的育成鸡采取不同的光照程序，可以使鸡群都在适宜的日龄开产。

育成鸡的光照时间宜短不宜长。过长的光照会使各器官系统在未发育成熟的情况下，生殖器官过早地发育，性成熟过早。由于身体未发育成熟，特别是骨骼和肌肉系统，过早开始产蛋，体内积累的矿物质和蛋白质不充分，饲料中的钙、磷和蛋白质水平又跟不上产蛋的需要，于是，母鸡出现早产早衰，甚至有部分母鸡在产蛋期间就出现过早停产换羽的现象。为防止育成鸡过早性成熟，育成期间最好采用渐减的光照制度。

不同条件的鸡舍需采取不同的光照程序。

(一)开放式鸡舍

对于从4月份至8月份间引进的雏鸡，由于育成后期的日照时间是逐渐缩短的，可以直接利用自然光照，育成期不必再加人工光照。对于9月中旬至翌年3月份引进的雏鸡由于育成后期日照时间逐渐延长，需要利用自然光照加人工光照的方法来防止其过早开产。具体方法是光照时数保持稳定，即查出该鸡群在20周龄时的自然日照时数，如是14小时，则从育雏开始就采用自然光照加人工补充光照的方法，一直保持每日光照14小时至20周龄，再按产蛋期的要求，逐渐延长光照时间。光照强度要达到每平方米20勒。在开放式鸡舍饲养育成鸡，当阳光较强时(特别是夏天)，过强的阳光照射，引起鸡群活动活跃和不安，容易发生啄癖如啄羽、啄尾、啄颈等现象，伤亡率较高。在不影响通风的情况下，可适当遮光,以减少啄癖的发生。

(二)密闭式鸡舍

密闭鸡舍不透光,完全是利用人工光照来控制照明时间,光照的程序就比较简单。一般1周龄为22～23小时的光照,之后逐渐减少,至6～8周龄时降低到每天8～10小时,从18周龄左右开始再按产蛋期的要求增加光照时间。光照强度是每平方米5～10勒。育成阶段用缩短光照,与开产前和开产早期集中加强光照刺激,对褐壳蛋鸡产蛋效果最好。密闭式鸡舍养育成鸡,由于光照长度和强度均可人工控制,因此鸡群比较安静,啄癖也较少。

五、生产管理中应注意的细节

第一,转群后的注意事项。从育雏舍转入育成鸡舍,环境变了,鸡会感到不安。鸡群的个体关系变了,必然要发生啄斗,有些个体斗败受伤要尽快隔离起来。笼养的鸡,因笼门坏了或未关牢,或者有些个体太小而跑笼,要设法把鸡捉回来。也有些鸡头、腿、翅膀被笼卡住,要检查挽救这些鸡。注意观察鸡能否都喝得上水。笼养的鸡过1～2天发现有些体型较小的鸡虽能吃食,但精神不太好,可能是鸡体高度不够喝不上水所致,要调换笼位或者降低水槽。育成鸡比较胆小怕人,环境变了,更显得惊慌,饲喂作业时要尽可能轻、慢一些,以防止炸群。大约经过1周,鸡对环境熟悉以后才能安顿下来,饲养人员对鸡群也基本得到了解,转群后出现的临时性问题也基本得到解决,就可以按育成鸡管理技术进行正常的操作了。

第二,育成鸡适宜的饲养密度、采食位置和饮水位置,见表5-22。

表 5-22　育成鸡适宜的饲养密度、采食和饮水位置表

		6～10 周龄	10～18 周龄
密度(只/米^2)	笼　养	22	18
	地面平养	10～12	9～10
	网上平养	12～14	10～12
采食位置	料槽(厘米/只)	4	5
	料桶(只/个)	30～40	25～30
饮水位置	槽式(厘米/只)	2	2.5
	桶式(只/个)	80～100	60～80
	乳头(只/个)	10～12	10

第三，饲养密度过大、过小的空间虽然对鸡群的影响一时不明显，但严重影响鸡群的均匀度，使部分鸡发育不良，所以必须及时分群。

第四，育成鸡不宜早上笼，即使上笼，上青年鸡笼，笼子不能有坡度，因青年鸡骨骼没有完全钙化，带有坡度的笼子使青年鸡长期处于疲劳状态，容易造成产蛋疲劳症。即使没有青年鸡笼，上蛋鸡笼也要把蛋鸡笼前边垫起来，产蛋时再放下来，这样可以缓解坡度对青年鸡的影响。

第五，育成期温、湿度管理。育成期的鸡对温、湿度的变动有很大适应能力，但应该避免急剧的温度变化，日夜温差的变化最好能控制在8℃之内。适宜温度为20℃～21℃，温度稍高些能节省饲料，实际生产中舍温13℃～26℃的范围内，不会有多大影响。如果舍温在10℃以下、30℃以上，就会对育成鸡的生长造成不良影响，应该采取适当的对策。一定范围内的舍温变化对鸡是一种有益的刺激，有利于提高鸡对环境的适应能力。育成鸡对环境湿度不太敏感，空气相对湿度在40％～70％都能适应。但地面平养时应尽力保持地面干燥。

第六，育成鸡舍应该加大通风换气量，尽可能地减少舍内的氨气与尘埃，即使在冬季，也应在保温的基础上设法保持舍内的空气新鲜。

第七，想要培育出优秀的青年母鸡群，即使是大群饲养，管理仍应该落实到每一只鸡，要尽可能地使每一只鸡都健康成长。

第八，称重时必须空腹，可减少饲料摄入量的差异对体重的影响。

六、夏季育成鸡的饲养管理

实际生产中，5、6、7月份培育的雏鸡，容易出现开产推迟的现象。造成这种现象的原因大多是雏鸡在炎夏期间摄入的营养不足，体重落后于标准。在培育过程中可以采取以下措施：

第一，育雏期夜间适当开灯补饲，使鸡的体重接近于标准。

第二，在体重没有达到标准之前持续用营养水平较高的育雏料。

第三，在高温的夏季，鸡食欲不佳，为达到一定的增长速度，提高饲料的能量水平和限制性氨基酸的水平。

第四，适当提高育成后期饲料的营养水平，使育成鸡16周龄后的体重略高于标准。产蛋高峰在夏季的青年母鸡，因为天气炎热采食量受影响，摄入的营养难以满足需要。除了应当提高营养水平外，在育成后期稍超点体重，多储备点营养有利于减少夏季的产蛋率下降。

第五，在天气凉爽时喂料，以提高采食量。

第六，让鸡饮用较冷的水可刺激采食量。

第七，降低鸡舍内的环境温度可有效提高采食量。

第八，在饲料中添加维生素C、碳酸氢钠可有效缓解热应激。

七、育成期日程管理

育成期是蛋鸡骨骼发育的重要阶段，青年鸡不但生长迅速，而且身体各组织器官的发育也处于主要阶段。青年鸡后期生殖系统开始发育，并逐渐成熟，鸡的活动能力也日益增强，是生长发育最旺盛的时期。育成期的目标是获得鸡胫长和体重达到品种要求、有较高的均匀度、适当的开产日龄、性成熟和体成熟一致的鸡群。

(一)育成前期日程管理

现代蛋鸡体格的发育主要在12周龄前，12周龄达到成年骨架的95%。此阶段一般不进行限饲，饲喂的日粮营养要平衡，尤其是蛋白质的含量一定要能满足鸡体发育的需要(表5-23至表5-27)。

表5-23 第七周日程管理表

8:00	喂 料
8:30	匀 料
9:00	检查鸡群
10:00	清扫地面
11:00	带鸡消毒
14:00	喂 料
14:00	匀 料
15:00	检查鸡群
16:00	清扫地面
17:00	填写饲养记录和饲养日报表

续表 5-23

操作要点	检查鸡群是否有异常;加强通风;每周 2～3 次带鸡消毒;每周清洁 1～2 次水箱;保持育成笼内每笼鸡数相等;将体型较小的鸡单独饲养;人工喂料要均匀,喂料机喂料后要及时匀料(即用手将料槽中饲料拨均匀)
重点提示	45 日龄分侧肌内注射禽流感 H_5 和 H_9 灭活苗,每只各 0.5 毫升,也可肌内注射禽流感 H_5+H_9 二联灭活苗,禽流感灭活苗 H_5 中必须含有 Re-4,Re-5 株 换料方法:鸡群进入育成期后,所喂饲料也由育雏料改为育成料,饲料配方的突然改变常导致鸡群不适应,采食量下降,影响鸡群发育。为了减少换料造成的应激,常采用过渡法更换饲料,即在原有饲料中混入新饲料,新饲料所占比例由少到多,直到完全取代原有饲料,过渡期为 1 周左右

表 5-24　第八周日程管理表

8:00	喂　料
8:30	匀　料
9:00	检查鸡群
10:00	清扫地面
11:00	带鸡消毒
14:00	喂　料
14:00	匀　料
15:00	检查鸡群
16:00	清扫地面
17:00	填写饲养记录和饲养日报表
操作要点	检查鸡群是否有异常,加强通风,每周 2～3 次带鸡消毒,每周清洁 1～2 次水箱
重点提示	55 日龄新支二联活苗饮水,每只 2 羽份,同时肌内注射新支二联灭活苗,每只 0.5 毫升

表 5-25　第九周日程管理表

8:00	喂　料
8:30	匀　料
9:00	检查鸡群
10:00	清扫地面
11:00	带鸡消毒
14:00	喂　料
14:00	匀　料
15:00	检查鸡群
16:00	清扫地面
17:00	填写饲养记录和饲养日报表
操作要点	检查鸡群是否有异常，加强通风，每周 2～3 次带鸡消毒，每周清洁 1～2 次水箱
重点提示	传染性喉气管炎疫区在 60 日龄用传染性喉气管炎活苗饮水，每只 1 羽份，非疫区不免疫

表 5-26　第十周日程管理表

8:00	喂　料
8:30	匀　料
9:00	检查鸡群
10:00	清扫地面
11:00	带鸡消毒
14:00	喂　料
14:00	匀　料
15:00	检查鸡群
16:00	清扫地面
17:00	填写饲养记录和饲养日报表
操作要点	检查鸡群是否有异常，加强通风，每周 2～3 次带鸡消毒，每周清洁 1～2 次水箱

表 5-27　第十一至第十二周日程管理表

8:00	喂　料
8:30	匀　料
9:00	检查鸡群
10:00	清扫地面
11:00	带鸡消毒
14:00	喂　料
14:00	匀　料
15:00	检查鸡群
16:00	清扫地面
17:00	填写饲养记录和饲养日报表
操作要点	检查鸡群是否有异常，加强通风，每周 2～3 次带鸡消毒，每周清洁 1～2 次水箱

(二)育成后期日程管理

青年鸡 13～14 周龄骨架基本形成，此阶段要控制鸡群不能长得太肥，限饲的喂料量为自由采食量的 80%～90%，具体料量应根据体重来定，使体重达到目标体重或超过目标体重，只要不超过目标体重 10%即可。对于体重不达标的个体则不必限饲。必须定期对鸡群称重，只有了解鸡群的体重情况，才能做出正确的调整(表 5-28 至表 5-30)。

表 5-28　第十三周日程管理表

8:00	喂　料
8:30	匀　料
9:00	检查鸡群
10:00	清扫地面

续表 5-28

11:00	带鸡消毒
14:00	喂　料
14:00	匀　料
15:00	检查鸡群
16:00	清扫地面
17:00	填写饲养记录和饲养日报表
操作要点	检查鸡群是否有异常,加强通风,每周 2～3 次带鸡消毒,每周清洁 1～2 次水箱
重点提示	第 12～13 周鸡群换羽,注意卫生,加强通风

表 5-29　第十四周日程管理表

8:00	喂　料
8:30	匀　料
9:00	检查鸡群
10:00	清扫地面
11:00	带鸡消毒
14:00	喂　料
14:00	匀　料
15:00	检查鸡群
16:00	清扫地面
17:00	填写饲养记录和饲养日报表
操作要点	检查鸡群是否有异常,加强通风,每周 2～3 次带鸡消毒,每周清洁 1～2 次水箱
重点提示	85 日龄新城疫活苗饮水,每只 3 羽份 90 日龄禽脑脊髓炎活苗饮水,每只 1 羽份

表 5-30　第十五周日程管理表

8:00	喂　料
8:30	匀　料
9:00	检查鸡群
10:00	清扫地面
11:00	带鸡消毒
14:00	喂　料
14:00	匀　料
15:00	检查鸡群
16:00	清扫地面
17:00	填写饲养记录和饲养日报表
操作要点	检查鸡群是否有异常，加强通风，每周 2～3 次带鸡消毒，每周清洁 1～2 次水箱
重点提示	105 日龄鸡痘活苗刺种，每只 3 羽份；传染性鼻炎灭活苗肌内注射，每只 0.5 毫升

第三节　蛋鸡产蛋期的饲养管理

一、产蛋前期的管理

(一)此期管理工作的目标

第一，让鸡群顺利开产。

第二，让鸡群迅速地进入产蛋高峰期。

第三，减少各种应激，尽可能地避免意外事件的发生。

(二)管理要点

1. 给予一个安宁稳定的生活环境

第一,开产是小母鸡一生中的重大转折,为了寻找一个合适的产蛋场所,小母鸡会提前三四天不安地各处探索。在笼养情况下,小母鸡没有这种自由,临产前3～4天,小母鸡的采食量一般都下降15%～20%,开产本身会造成母鸡心理上的很大应激。

第二,整个产蛋前期是小母鸡一生中机体负担最重的时期。在这段时期内,小母鸡的生殖系统迅速地发育成熟,初产期的体重仍需不断增长,要增重400～500克。蛋重逐渐增大,产蛋率迅速上升,这些对小母鸡来讲,在生理上是一个大的应激。

第三,由于上述应激因素,使母鸡在适应环境和抵抗疾病方面的功能相对下降。所以,必须尽可能地减少外界对鸡的进一步干扰,减轻各种应激,使鸡群有一个安宁稳定的生活环境。

2. 满足鸡的营养需要

第一,青年母鸡的采食量从75克逐渐增长到120克左右,由于种种原因,很可能造成营养的吸收不能满足机体的需要。为使小母鸡能顺利进入产蛋高峰期,并能维持较长久的高产,减少由于营养负平衡而对高峰期产生的影响,从18周龄开始应该给予高营养水平的产前料或直接使用高峰期饲料,让小母鸡产前在体内储备充足的营养和体力。临产前,小母鸡即使体重略高于标准也是有益的,这对于高峰期在夏季的鸡群尤其重要。

第二,小母鸡在18周龄左右,生殖系统迅速发育,在生殖激素的刺激下,骨腔中开始形成髓骨,髓骨约占性成熟小母鸡全部骨骼重量的72%,是一种供母鸡产蛋时调用的钙源。从18周龄开始,及时增加饲料中钙的含量,促进母鸡髓骨的形成,有利于母鸡顺利开产,避免在高峰期出现瘫鸡,减少笼养鸡疲劳症的发生。饲料中的钙含量应在2%左右。

第三，对产蛋高峰期在夏季的鸡群，更应配制高能高氨基酸水平的饲料，如有条件可在饲料里添加油脂，当气温高至 35℃以上时，可添 2%的油脂；气温在 30℃～35℃时，可添加 1%的油脂。油脂的能量高，极易被鸡消化吸收，并可减少饲料中的粉尘，提高适口性。对于增强鸡的体质，提高产蛋率和蛋重具有良好作用。

第四，检查营养上是否满足了鸡的需要，不能只看产蛋率情况。青春期的小母鸡，即使采食的营养不足，也仍会保持其旺盛的繁殖功能，小母鸡会消耗自身的营养来维持产蛋，并且蛋重会变得比较小。所以，当营养不能满足需要时，首先表现在蛋重增长缓慢、下小蛋，接着表现在体重增长迟缓或停止增长，甚至体重下降，在体重停止增长或有所下降时，就没有体力来维持长久的高产，所以紧接着产蛋率就会停止上升或开始下降。产蛋率一旦下降，即使采取补救措施也难以恢复了。因此，应尽早关心鸡的蛋重变化和体重变化。

二、产蛋高峰期的管理

产蛋高峰期管理的重点在于尽可能地让鸡维持较长的产蛋高峰。应该注意以下事项：

第一，长期的高产是以健康、体力充足为基础的，所以在管理上必须围绕维护鸡群体质的健壮开展工作。

第二，注意在营养上满足鸡的需要，给予优质的蛋鸡高峰料。根据季节变化和鸡群采食量、蛋重、体重以及产蛋率的变化，调整好饲料的营养水平。

第三，尽可能地维持鸡舍环境的稳定，尽可能地减少各种应激因素的干扰。

第四，注意鸡舍内外卫生，坚持日常消毒工作。注意监测鸡群的抗体水平，必要时追加免疫。

第五，根据鸡群情况必要时进行预防性投药，或每隔1个月投3～5天的广谱抗菌药。

三、产蛋期的光照管理

光照管理是提高产蛋鸡产蛋性能必不可少的重要管理技术之一。产蛋鸡光照的目的，在于刺激和维持产蛋平稳。光照对鸡的繁殖功能影响很大，光照时长和光照强度对蛋鸡的性成熟、排卵和产蛋等均有影响。光照的另一个作用是调节青年鸡的性成熟和使母鸡开产整齐，以达到将来高产稳定。光照对产蛋鸡是相当敏感的。采用正确的光照，产蛋能收到良好的效果；使用光照不当，则会给产蛋带来副作用。饲养实践中出现过早开产、蛋重小、发生啄癖等现象，在很大程度上都与光照管理不当有关。产蛋阶段光照只可增加而不可缩短，不过新近研究者通过对产蛋鸡蛋壳钙化过程的研究发现，长光照会增加蛋的破损率，特别是在光照的前半天出现破蛋率较高。在近来的光照建议方案中，已把商品鸡的最长光照时间从过去的17～18小时缩短到14～16小时。产蛋期增加光照的进度是每周增加半小时，最多1小时，亦有每周只增加15分钟，可减少脱肛的发生。当自然光照加人工光照为16小时，则不必再增加人工光照。此时开灯与关灯的时间要固定，不可随意变动，以防鸡产生应激现象。平养的鸡在关灯时，应在15～20分钟逐渐部分关灯，减弱亮度，给鸡一个信号，以使鸡找到适当的栖息位置。不管采用何种光照制度，夜间必须有8小时连续黑暗，以保证鸡体得到生理恢复过程，免得过度疲劳。

产蛋期的光照管理需根据育成阶段的光照情况来决定。

第一，饲养于非密闭鸡舍的育成鸡，如转群处于自然光照逐渐增长的季节，且鸡群在育成期完全采用自然光照，转群时光照时数已达10小时或10小时以上，转入蛋鸡舍时，不必补以人工光照，待到自然光照开始变短或达20周龄的时候，再加人工光照来补充。人工光照补助的进度是每周增加半小时，最多1小时，当自然光照加人工光照为16小时时，则不必再增加人工光照。如转群处于自然光照逐渐缩短的季节，转入蛋鸡舍时自然光照时数虽有10小时，甚至更长一些，但在逐渐变短，则应立即从18周龄开始加补人工照明。补光的进度是每周增加15分钟，最多30分钟，当光照总时数达16小时，维持恒定即可。

第二，饲养在密闭鸡舍完全人工控制光照的育成鸡，18周龄转入同类鸡舍时，按每周增加半小时，最多1小时的进度增加光照时数，增加到每天16小时的时候，维持恒定光照时数即可。

第三，产蛋期的光照长度和光照强度。尽管研究表明一个光照日长为11～12小时即可刺激产蛋，但光照必须达14小时方可得到最大产蛋量，大部分产蛋方案要较此长1～2小时。研究表明，光照日达17小时或更长时会抑制蛋鸡的产蛋量，所以在生产中光照总时数达16小时即可。

产蛋阶段鸡需要的光照强度比育成阶段强1倍多，光照的强度要适中，不能过强或过弱，过强容易引起啄癖，过弱则起不到刺激作用。虽然试验表明，对产蛋鸡来说10勒的光照强度就很充分了，但鸡舍内设备很多，降低了光照强度，尤其在笼养鸡舍内。因此，实用的光照水平是15～20勒。鸡获得的光照强度和灯间距、悬挂高度、灯泡瓦数、有无灯罩、灯泡清洁程度等因素有密切的关系。用自然光照时则与窗户大小、窗间距、窗台高低和窗户数量等有关。光照强度可以用照度计测量，但一般的鸡场与养殖户没有，因此可以用简便的公式 $I=K\times W/H^2$ 进行计算。式中：I表示光照强度（勒克斯），K＝0.9（常数），W为人工光照的白炽电灯泡瓦数，荧光灯和节能灯的发光率为白炽电灯泡的3～4倍，H为灯泡至鸡体的距离（米）。根据此公式可测算出在鸡舍各部位的鸡所获得的光照强度。光照强度可通过改变灯泡的瓦数或数量及高度来调节控制。笼养鸡舍照明的一般设置为灯间距 2.5～3.0 米，灯高（距地面）1.8～2.0 米，灯泡有反光罩时，白炽电灯泡功率为 40～60 瓦（节能灯泡为 13～20 瓦）。安装灯罩可使光照强度增加 25%，如无灯罩可加大灯泡功率或降低灯泡高度。灯泡至鸡舍外缘的距离应为灯泡间距的一半，即 1.5 米。如为笼养，灯泡的分布应使灯光能照射到料槽，特别要注意下层笼的光照，因此灯泡一般设置在两列笼间的走道上。采用多层笼时，应保证底层笼光照强度。不要采用 60 瓦以上的灯泡，若使用功率较大的灯泡，光线分布不均，而且耗电量大。行与行间的灯应错开排列，灯泡高度一致，能获得较均匀的照明效果。每周至少要擦 3 次灯泡，坏灯泡要及时更换。要注意不能使鸡笼接受阳光的直射，在中午光照过强的时候可以在窗上加遮阳网，光照过强会引起鸡的啄癖或脱肛现象。人工光照时间应固定，一般的光照程序为早 4 时至晚 8 时为其光照时间（西部地区应在时间上后推 1～2 小时），即每天早 4 时开灯，日出后关灯，日没后再开灯至晚 8 时再关灯，要注意调整时钟，以适应日出、日落时间的变化，保证 16 小时的光照。完全采用人工光照的鸡群，其光照时间也可以固定在早 4 时至晚 8 时。从生长期光照时间向产蛋期光照时间转变，要根据当地情况逐步过渡。

第四，光照刺激时间的确定。当后备母鸡在达到标准体重后，即可进行光照刺激。体重不足的后备母鸡，不论年龄有多大仍然处于生长发育阶段，因而尚未做好作为产蛋母鸡的准备。在母鸡未达到适宜体重时切勿使用光照刺激，对于这种母鸡可能需要比饲养手册建议的时间晚几周进行光照刺激。对于开放式鸡舍来说，上半年出雏的鸡，由于育成期气温高，采食量较小，致使体重较小，体成熟比性成熟晚，人工光照可迟一些加，在 20 周龄左右开始补光。下半年出雏的鸡，由于育成期气温低，体重容易达标，人工光照可从 18～19 周龄开始加。总之，光照刺激的时间应根据鸡群具体发育情况来确定，而不能按日龄来机械确定。

四、产蛋期的喂料管理

第一，根据品种的营养需求，给予高品质的蛋鸡高峰期饲料。①保持高峰期饲料质量的稳定性，不轻易更换饲料。②控制原料质量，确保饲料品质的稳定。③提高日粮的能量水平。

第二，刺激蛋鸡良好的食欲，保障产蛋性能的正常发挥。①要保持正常的食欲，需要从后备母鸡培育时开始。②选择合适的原料和粉碎粒度是促进食欲的关键。

第三，产蛋高峰和产蛋后期分阶段饲养，有针对性地制作饲料，降低饲料浪费，提高经济效益。产蛋后期可适当控料，为高峰期料量的80%～90%。

第四，采用合理饲喂模式，减少饲料浪费。争取让大部分饲料在一天中的后半段或夜里消耗。

五、季节管理

鸡对能量的需求受环境温度影响比较大，当环境温度高于适宜温度区上限时，鸡的能量需求降低。据测定，环境温度每上升1℃，鸡维持需要的能量降低4%。鸡舍环境温度低于适宜温度区下限时，鸡对能量需求增高，温度每下降1℃，维持需要的能量增加0.6%，产蛋鸡的适宜温度为10℃～25℃。因此，在不同的季节要根据气候变化等环境因素以及鸡群自身的情况，调整日粮并采取综合性措施来管理鸡群，这样才能保证产蛋高峰期鸡的优良生产性能得到充分的发挥。

（一）春季管理

春季气候由冷变暖，气温逐渐回升，日照逐渐增长，是鸡群产蛋的好季节。预产期和产蛋高峰前期的鸡需要大量营养物质来满足其产蛋和增重的需要，据测定，鸡在这期间平均日增重仍在3～5克，而此阶段鸡的采食还不是最多，平均日采食量仅90～95克。所以，在这段时间里要适当提高日粮的营养水平，否则难以满足鸡的营养需求。此季节日粮能量应达到11.51～11.92兆焦/千克，粗蛋白质17.5%～18.5%。

初春时节，乍暖还寒，昼夜温差大，应根据情况逐渐地撤去防寒设施，要注意避免鸡群受寒。

春季是微生物大量繁殖的季节，蚊、蝇等昆虫也开始孳生繁殖，而多风多雨的气候特点又利于疾病的传播，因此搞好环境卫生和加强防疫应列为日常管理工作的重点。入春以后，应对鸡舍内外和整个鸡场内外彻底地清扫消毒1次，以减少疾病的威胁。

(二)夏季管理

高温、高湿的夏季是一年之中鸡群最难过的季节。酷暑使鸡群长时间的喘息，饮水量大增而食欲下降，采食不足，很容易造成产蛋率和体质的下降，并影响抗病能力。因此，本季工作的重点在于防暑，创造条件让鸡群安全度夏。可以把鸡喘息看作鸡受热应激的标志，鸡每天热喘息的时间越长，对生产和体质的影响越大。

第一，入夏之前应做好防暑的准备工作：①设法增强屋顶和墙壁的隔热能力，减少进入舍内的太阳辐射热。②在窗外搭遮阳棚，或利用黑色编织袋在窗口挡光。③入夏前清除舍内累积的鸡粪，减少鸡粪在舍内的产热。④改善通风条件，有条件的鸡场可采用纵向通风。自然通风的鸡舍应尽可能地加大通风口，如能加大屋顶天窗的面积，会有较好的效果。

第二，尽可能地加强防暑措施：①增大鸡舍内的风速能带走鸡体的产热，如能使舍内风速达1.5米/秒，就可以减轻鸡的热应激。②舍内具有一定风速后，可以在舍内喷雾利用水的蒸发来降低舍温，一般都有明显的效果。但是舍内风速不大时，切忌喷雾，此时喷雾很不利于鸡的体热散发。有条件的鸡场，采用纵向通风并在进风口安装湿帘，基本上可以保证鸡群安全度夏。③让鸡喝上清凉的饮用水，温度较低的饮用水可以减轻鸡的热应激，可以利用清凉的地下水，白天应使水槽中的水长流不断。使用乳头饮水器的鸡舍，应该隔2小时即在水管末端放1次水，使水管内的水有较低的温度。

第三，在营养方面的调节

①酷暑期间，鸡的采食量少，为满足鸡体对能量和蛋白质等营养的需要，应该增加饲料的营养浓度。可在饲料中添加吸收利用率高的油脂来增加能量水平。单单提高蛋白质含量的方法并不有利于防暑，过多的蛋白质、多余的氨基酸在转换成能量利用时，会增加鸡体的产热，准确的方法不是提高粗蛋白质的含量而是提高蛋白质的质量，通过添加蛋氨酸和赖氨酸来提高蛋白质的利用率，可以有效阻止产蛋率的下降。

②为提高鸡的抗热应激能力，可在饲料中按150克/吨添加维生素C。

③酷暑期鸡的长时间热喘息，使血液中二氧化碳量不足，影响了血液的酸碱平衡，并影响蛋壳的质量。为改善这种状况，可考虑添加碳酸氢钠，一般可用碳酸氢钠取代30%食盐。也可用0.2%氯化钾、0.2%碳酸氢钠取代一半食盐，酷暑期鸡大量饮水，水排泄量也很大，并带走了消化道的盐分。为维护消化道的电解质平衡，可以在饲料中经常补充些补液盐，能有效减少热应激造成的损失。

④随预期饲料采食量的改变，提高矿物质一维生素预混料添加水平，保持钙的日采食量3.5克和可利用磷400毫克。

⑤加入适量镇静剂，如利血平等。

第四，刺激饲料采食量。可采用各种方法刺激采食量。每日饲喂多次，一般可鼓励采食活动，若有可能，在每天凉爽时饲喂也是常用的增加营养素进食量的方法;在极度炎热的条件下可能有必要在半夜当温度较低、鸡更乐于采食时饲喂。再次强调,当气温极高时提高日粮的适口性可能是有益的。有些措施如在饲料中加植物油、糖蜜或甚至在料槽上直接加水都能起到鼓励采食的作用。在日粮中使用高水平脂肪或如上述采用在料槽上添加的措施时,必须注意不能发生酸败现象。最好的预防措施是在饲料中加入抗氧剂如乙氧基喹啉,而且在料塔、绞龙或料槽中都不允许有结块现象,在上述条件下饲料的新鲜度至关重要。

第五,因为暑热时鸡群饮水量过大,消化液被稀释,使消化道消化和防卫功能减弱,所以此时定期地添加抗生素预防消化道疾病或使用益生素维护消化道的菌群平衡是很有必要的。

第六,暑热期间是各种微生物繁衍的好时机,很容易因卫生问题影响生产成绩。所以,每天必须清刷水槽,要加强舍内环境的消毒和注意料槽内的卫生。如因水槽漏水使料槽内饲料受潮结块时,应该立即清除掉。炎热的夏季,在饮水中添加消毒药可以减少饮水中大肠杆菌等微生物,减少疾病传播的机会。注意必须按消毒药的使用说明以正确的比例添加,不要随意稀释。如浓度过大则可能会影响口感,使鸡减少饮水量,影响采食量直至影响生产。

第七,夏季的饲料容易霉变和被氧化,轻者因为一些营养成分失效而影响生产成绩,严重时则可能会伤及鸡的健康。所以,一定要注意将饲料放在通风的地方。配制或购入的饲料,存放时间不应该超过 1 周,这样可以减少饲料中有效成分的损失。另外,饲料中的维生素效价下降严重时,可在饲料中额外添加复合多种维生素。

第八,在酷暑期间,给鸡接种疫苗时,尽可能在气温较适宜的时间进行。

第九,提高营养储备。对预计产蛋高峰期在夏季的鸡群,在育成阶段就应提高其体重,使其进入高温产蛋期有一定的营养储备。

(三)秋季管理

秋高气爽,天气凉快,鸡的精神、食欲都大有改观。为此,人们常常容易放松对鸡群的管理。秋天也是鸡群容易出问题的季节,应该根据季节和鸡群情况注意管理。

第一,秋天昼夜的温差增大,时有冷空气由北方南下,使气温骤然下降。所以,必须注意天气预报,注意夜间的保暖,避免鸡群因着凉而引发呼吸道病。气温变化较大时,可提前用治疗呼吸道疾病的药物进行预防保健。

第二,夏至之后,日照时间逐渐缩短,要注意在早晨和夜间补充光照,保持鸡舍的光照时间,一般可在早晨 5 时开灯补光,晚上 9 时关灯,保持每天 16 小时的光照。

第三,根据鸡群情况注意饲料营养。鸡食欲好转,但不能马上降低营养水平。在夏季饱受煎熬的鸡,体质需要一个恢复时期,为了让鸡群能安全度过冬季,秋季正是鸡群恢复体力、养精蓄锐的好时机。为了使鸡群有充沛的体力,能持久地高产,进入秋季之后,仍应该根据鸡群情况给予适当的营养,对于还在产蛋高峰的鸡与体况不大理想的鸡,在注意饲料营养浓度、营养平衡的同时,应适当多补充些维生素。

第四,在自然状态下,秋季正是鸡停产换羽、准备过冬的时节。特别是日龄较大的鸡,本身就存在产蛋率下降的趋势,在低温等应激因素的冲击下,就会出现较多的停产换羽的鸡,加速产蛋率的下降。所以,秋季管理要在稳定环境上下功夫。

第五,秋季应做好越冬的准备。对场区环境要进行 1 次彻底清扫、消毒。入冬之前应清理舍内鸡粪,以减少冬季舍内的氨气。应提前做好防寒准备,特别要注意让鸡群免受第一次寒流的冲击。

(四)冬季管理

第一,冬季管理重点在防寒,要尽可能地将舍温保持在8℃以上,蛋鸡舍饲养密度较大,一般情况下可以靠鸡的体温来维持舍温,但在寒流侵袭的几天之内,采用一些取暖措施是很有必要的,可以减少因为寒冷引起的生产波动。对于背部和颈部羽毛损失较多的老鸡,在低温下容易因散热过多而影响生产成绩,并有可能因此而增加15%~20%的采食量,一般情况下应尽可能地保持鸡舍较高的温度。从20℃以下舍温每降1℃,鸡的采食量就可能增加1.2%,提高舍温,有利于节省饲料。

第二,在管理中还要注意直接吹到鸡身上的"贼风"。通风口应该设置挡风板,一般冬季的通风口应设在鸡舍上方,并利用挡风板使进入的冷空气先吹向一上方,与舍内暖空气混合后再降到鸡身上。

第三,冬季容易出现的管理失误是因为只注意鸡舍的保温而忽视通风换气,这是冬季发生呼吸道病的主要原因。舍内氨气浓度过大、空气中的尘埃过多,会使呼吸道黏膜充血、水肿、气管纤毛逆摆动,从而失去正常的防卫功能,成为微生物理想的繁衍地,而吸入气管内的尘埃又含有大量的微生物,所以容易发生呼吸道疾病。寒流的袭击、鸡的感冒会使这种情况变得更为严重。所以,冬季的管理中,一是要保持鸡舍内有比较稳定的适宜温度,同时必须注意通风换气,为使舍内污浊有害空气能迅速换成新鲜空气,应该每隔1~2小时开几分钟风机,或大敞门窗2~3分钟,待舍内换上清洁新鲜的空气后再关上门窗。

第四,冬季鸡的能量需要增加,鸡的采食量增大,通常可以提高一些饲料的能量水平,降低一些粗蛋白质水平,蛋白质与能量的比例可在1.78克/兆焦左右。一般的中型蛋鸡每天需1.37~1.81兆焦代谢能和18克左右的蛋白质。

六、日常管理

(一)生产记录

每天都要填写生产记录表格。生产记录主要内容有:鸡群变化及原因、产蛋数量、饲料消耗量、当日进行的重要工作和发生的特殊情况等。

(二)饲喂次数及方法

鸡的消化道长度相对于其他动物短,饲料在消化道停留时间仅3个小时。从理论上讲,每隔3小时就应喂1次料。生产实践中常常是每天投2～3次料,多次匀料就行了。

第一次喂料时间一般在7～8时,投料量占全天计划喂料量的1/3。第二次喂料时间一般在下午1时左右,投料量为全天计划喂料量的1/4。第三次喂料时间在下午6时左右,投料量为全天计划喂料量的1/3。余下的料在晚上关灯停止光照之前1小时左右补给缺料的地方,使生产性能高、需料多的鸡不至于空槽。

每次投料时应边投边匀,使投入的料均匀分布于料槽里。投料后20分钟左右就要匀1次料。这是因为鸡在投料后的前10分钟内采食很快,以后就会“挑食勾料”。这时候槽里的料还比较多,鸡会很快地把槽里的料勾成小堆,使槽里的饲料分布极不均匀,而且常常将料勾到槽外,既造成饲料的浪费,又影响了其他鸡的采食,所以要早些匀料,还要经常检查,见到料不均匀的地方就随手匀开。

(三)饮水的管理

在气候温和的季节里,鸡的饮水量通常为采食饲料量的2～3倍,寒冷季节约为采食饲料量的1.5倍,炎热季节饮水量显著增加,可达采食饲料量的4～6倍。各种原因引起的饮水不足,都会使鸡的采食量显著降低，从而影响产蛋性能，甚至影响健康状况，因而必须重视饮水的管理。用深层地下水作为饮用水是最理想的，一是无污染，二是相对“冬暖夏凉”。即使是深井水，也要定期进行消毒，每星期连续消毒4天。用其他水源的则除免疫的前、后1天以外每天都要消毒。

笼养蛋鸡的饮水设备有2种：一种是水槽，另一种是乳头饮水器。用水槽供水要特别注意水槽的清洁卫生，必须定期刷拭清洗水槽。通常冬季隔1天，夏季每天清刷1次水槽。水槽要保持平直、不漏水，长流水的水槽水深应达1厘米，太浅会影响鸡的饮水。使用乳头饮水器供水要定期清洗水箱，清洗水箱的次数与水槽相同。每天早晨开灯后须把水管里的隔夜水放掉。在鸡下笼后要彻底冲洗供水管，清除管内水垢等沉积物。要经常检查供水状况是否良好，因为乳头饮水器供水系统里有没有水，不像水槽那样一眼就能看得出来。

（四）注意观察鸡群，加强管理

喂料时和喂完料后是观察鸡只精神健康状况的最好时机。有病的鸡不上前采食，或采食速度不快，甚至啄几下就不吃了。健康的鸡在刚要喂料时就表现出骚动不安的急切状态，喂上料后便埋头快速采食。

发现采食不好的鸡时，要进一步仔细观察它的神态、冠、髯颜色和被毛状况等，挑出来隔离饲养治疗或淘汰。

饲养人员每天还应注意观察鸡只排粪状况，从中了解鸡的健康情况。例如，黄曲霉毒素中毒、食盐过量、副伤寒等排水样粪便；急性新城疫、禽霍乱等疾病排绿色或黄绿色粪便；粪便带血可能是混合型球虫感染；黑色粪便可能是肌胃或十二指肠出血或溃疡；粪便中带有大量白色尿酸盐，可能是肾脏有炎症或钙磷比例失调、痛风等。

在观察鸡群的过程中还要注意笼具、水槽、料槽等设备情况，看看笼门是否关好，料槽挂钩、笼门铁丝头会不会刮伤鸡等，防止鸡逃跑或刮伤鸡只。

(五)坚持合理淘汰，提高鸡群整体的效率和效益

在整个产蛋期都要坚持淘汰病残和寡产鸡，减少饲料浪费，提高饲料效率。

(六)环境卫生管理

1. 保持清洁、定期消毒　要保持鸡舍内外环境的清洁卫生，清除杂草、杂物。鸡舍、生产区的门口消毒池的消毒液要定期更换并保证浓度准确。冬季结冰季节可用生石灰与漂白粉。场内道路、鸡舍周围定期用消毒液喷洒消毒。

2. 消灭蚊、蝇、鼠、雀　鸡舍、料库需设防鸟网，防止鸟雀从窗户进入。定期投施敌鼠钠盐等灭鼠药毒杀鼠类。在蚊、蝇孳生的季节里可用杀虫剂喷杀。

3. 管好鸡粪、死鸡　清粪后要立即打扫鸡舍、道路，然后喷洒消毒。粪便要集中堆放于专用场所，雨季要特别注意防止粪便流溢。死鸡要挖坑深埋，剖检死鸡的场所要及时清除血污、胃肠内容物、羽毛等，并和尸体一起深埋掉。剖检现场清理干净后还需泼洒消毒液。

4. 其他　免疫之后清洗注射器的污水、疫苗瓶(活苗)、棉球等要用消毒药处理后深埋，不得随意丢弃。

七、产蛋期日程管理

(一)预产期日程管理

预产期是指鸡群达到5%产蛋的前3周，一般为16～18周龄。此阶段要将鸡群从育成舍转入产蛋舍，预产期是为产蛋做准备，相应的营养需求和育成期不同，尤其是钙的需求，需要饲喂含钙2.5%的预产料。随着产蛋量的增加，鸡群也需要及时增加光照时间和光照强度（表5-31至表5-33）。

表5-31 第十六周日程管理表

时间	内容
8:00	喂　料
8:30	匀　料
9:00	检查鸡群
10:00	清扫地面
11:00	带鸡消毒
14:00	喂　料
14:00	匀　料
15:00	检查鸡群
16:00	清扫地面
17:00	填写饲养记录和饲养日报表
操作要点	检查鸡群是否有异常，加强通风，每周2～3次带鸡消毒，每周清洁1～2次水箱
重点提示	15周末如体重达到或超过标准，16周过渡饲喂预产料，如体重未达到标准，则推迟到17周过渡饲喂预产料 转群前做好蛋鸡舍的消毒工作，并调试好饮水、喂料、供电、灯光等设备 换料过渡方法 第一至第二天，2/3的育成料＋1/3的预产料 第三至第四天，1/2的育成料＋1/2的预产料 第五至第六天，1/3的育成料＋2/3的预产料 第七天，全部更换为预产料

表 5-32　第十七周日程管理表

8:00	喂　料
8:30	匀　料
9:00	检查鸡群
10:00	清扫地面
11:00	带鸡消毒
14:00	喂　料
14:00	匀　料
15:00	检查鸡群
16:00	清扫地面
17:00	填写饲养记录和饲养日报表
操作要点	检查鸡群是否有异常，加强通风，每周 2～3 次带鸡消毒，每周清洁 1～2 次水箱

表 5-33　第十八周日程管理表

8:00	喂　料
8:30	匀　料
9:00	检查鸡群
10:00	清扫地面
11:00	带鸡消毒
14:00	喂　料
14:00	匀　料
15:00	检查鸡群
16:00	清扫地面
17:00	填写饲养记录和饲养日报表
操作要点	检查鸡群是否有异常，加强通风，每周 2～3 次带鸡消毒，每周清洁 1～2 次水箱

续表 5-33

重点提示	120 日龄新支二联活苗饮水，每只 2 羽份，同时肌内注射新支减灭活苗，每只 0.5 毫升 126 日龄分侧肌内注射禽流感 H_5 和 H_9 灭活苗，每只各 0.5 毫升

(二)产蛋期日程管理(19 周～淘汰)

蛋鸡产蛋性能的高低，直接关系养殖效益的高低，所以做好产蛋期精细化管理尤为重要。产蛋期根据产蛋情况大致上分为产蛋前期、产蛋高峰期、产蛋中期和产蛋后期 4 个阶段，各个阶段的管理重点也不尽相同。

1. 产蛋前期日程管理(19～25 周) 产蛋前期鸡群从开始产蛋并达到产蛋高峰，所受应激较大，管理上稍有疏忽，鸡群产蛋就会受到影响，导致高峰产蛋率达不到预期目标，影响蛋鸡饲养效益。此阶段重点是做好光照管理和疾病防控(表 5-34 至表 5-40)。

表 5-34 第十九周日程管理表

7:30	喂　料
8:00	匀　料
8:30	检查鸡群
9:00	清扫地面
9:30	捡　蛋
11:00	带鸡消毒
14:00	喂　料
14:30	匀　料
15:00	捡　蛋
16:30	蛋品分装
17:00	填写饲养记录和饲养日报表

续表 5-34

操作要点	检查鸡群是否有异常，加强通风，每周 2～3 次带鸡消毒，每周清洁 1～2 次水箱，每周擦 1～2 次灯泡
重点提示	从预产料过渡到高峰产蛋料；开放式鸡舍增加 0.5 小时光照，密闭式鸡舍增加 0.5～1 小时光照 蛋品分装：按蛋品分级出售的要求，将特大、特小、畸形蛋、沙壳蛋和破蛋等挑出分开放置，挑选后的鸡蛋作为正品蛋装箱，特大、特小、畸形蛋、沙壳蛋作为次品蛋处理，破蛋单独处理

表 5-35　第二十周日程管理表

7:30	喂　料
8:00	匀　料
8:30	检查鸡群
9:00	清扫地面
9:30	捡　蛋
11:00	带鸡消毒
14:00	喂　料
14:30	匀　料
15:00	捡　蛋
16:30	蛋品分装
17:00	填写饲养记录和饲养日报表
操作要点	检查鸡群是否有异常，加强通风，每周 2～3 次带鸡消毒，每周清洁 1～2 次水箱，每周擦 1～2 次灯泡
重点提示	根据产蛋情况每 5～7 天增加半小时光照，预防脱肛和输卵管炎症

表 5-36　第二十一周日程管理表

7:30	喂　料
8:00	匀　料
8:30	检查鸡群
9:00	清扫地面
9:30	捡　蛋
11:00	带鸡消毒
14:00	喂　料
14:30	匀　料
15:00	捡　蛋
16:30	蛋品分装
17:00	填写饲养记录和饲养日报表
操作要点	检查鸡群是否有异常,加强通风,每周 2～3 次带鸡消毒,每周清洁 1～2 次水箱,每周擦 1～2 次灯泡
重点提示	根据产蛋情况每 5～7 天增加 30 分钟光照,预防脱肛和输卵管炎症 无论是人工还是自动喂料机喂料,料槽内的饲料总是有厚有薄,造成鸡群采食不均。喂料较少处,由于采食量不足势必影响产蛋;喂料较多处,尤其是接近自动喂料机的两端,由于料多而吃不完,长期积压会导致饲料腐败。喂完料后,用手将料槽内料多处的饲料搂到料少处

表 5-37　第二十二周日程管理表

7:30	喂　料
8:00	匀　料
8:30	检查鸡群
9:00	清扫地面
9:30	捡　蛋

续表 5-37

11:00	带鸡消毒
14:00	喂　料
14:30	匀　料
15:00	捡　蛋
16:30	蛋品分装
17:00	填写饲养记录和饲养日报表
操作要点	检查鸡群是否有异常，加强通风，每周 2～3 次带鸡消毒，每周清洁 1～2 次水箱，每周擦 1～2 次灯泡
重点提示	根据产蛋情况每 5～7 天增加 30 分钟光照，预防脱肛和输卵管炎症

表 5-38　第二十三周日程管理表

7:30	喂　料
8:00	匀　料
8:30	检查鸡群
9:00	清扫地面
9:30	捡　蛋
11:00	带鸡消毒
14:00	喂　料
14:30	匀　料
15:00	捡　蛋
16:30	蛋品分装
17:00	填写饲养记录和饲养日报表
操作要点	检查鸡群是否有异常，加强通风，每周 2～3 次带鸡消毒，每周清洁 1～2 次水箱，每周擦 1～2 次灯泡
重点提示	根据产蛋情况每 5～7 天增加 30 分钟光照，预防脱肛和输卵管炎症

表 5-39　第二十四周日程管理表

7:30	喂　料
8:00	匀　料
8:30	检查鸡群
9:00	清扫地面
9:30	捡　蛋
11:00	带鸡消毒
14:00	喂　料
14:30	匀　料
15:00	捡　蛋
16:30	蛋品分装
17:00	填写饲养记录和饲养日报表
操作要点	检查鸡群是否有异常,加强通风,每周 2～3 次带鸡消毒,每周清洁 1～2 次水箱,每周擦 1～2 次灯泡
重点提示	根据产蛋情况每 5～7 天增加 30 分钟光照,预防脱肛和输卵管炎症

表 5-40　第二十五周日程管理表

7:30	喂　料
8:00	匀　料
8:30	检查鸡群
9:00	清扫地面
9:30	捡　蛋
11:00	带鸡消毒
14:00	喂　料
14:30	匀　料
15:00	捡　蛋

续表 5-40

16:30	蛋品分装
17:00	填写饲养记录和饲养日报表
操作要点	检查鸡群是否有异常，加强通风，每周 2～3 次带鸡消毒，每周清洁 1～2 次水箱，每周擦 1～2 次灯泡

2. 产蛋高峰期日程管理（26～43 周） 高峰期的产蛋率基本维持在 90%以上，是蛋鸡产蛋最多的阶段，此阶段的管理成败直接决定蛋鸡的饲养效益，所以做好高峰期的饲养管理尤为重要。此阶段的饲养管理原则是稳定高于一切，确保鸡群高产稳产；减少鸡群各种应激；严格按照固定程序进行日常操作（表 5-41）。

表 5-41　第二十六至第四十三周日程管理表

7:30	喂　料
8:00	匀　料
8:30	检查鸡群
9:00	清扫地面
9:30	捡　蛋
11:00	带鸡消毒
14:00	喂　料
14:30	匀　料
15:00	捡　蛋
16:30	蛋品分装
17:00	填写饲养记录和饲养日报表
操作要点	检查鸡群是否有异常，加强通风，每周 2～3 次带鸡消毒，每周清洁 1～2 次水箱，每周擦 1～2 次灯泡

续表 5-41

重点提示	预防性投药：当气候突变、免疫等应激情况发生时，可以进行预防性投药 给鸡群提供安静舒适的生产环境，防止舍内温度剧烈变化 保证饲料和光照的稳定性 根据抗体检测结果，适时免疫 产蛋高峰料里添加 1%～2%的植物油或动植物混合油，在夏季超过 35℃高温时，可添加到 3%～4%，以维持产蛋率和蛋重 为提高养殖效益，及时淘汰残次鸡、病弱鸡以及停产鸡 科学喂料：更换饲料时一定要有 7～10 天的过渡期，减少换料应激；保证白天和晚上可获得饲料，允许中午短暂空槽的目的并非限饲，而是让蛋鸡吃尽料槽内的细小饲料和防止料槽内残留饲料霉变；经常用手匀料槽内饲料，保证饲料分布均匀、刺激采食

3. 产蛋中期日程管理(44～58 周) 产蛋中期的蛋鸡产蛋率从 90%以上逐渐下降至 80%左右，这是蛋鸡正常生理现象。虽然此阶段产蛋率的下降是不可避免的，但一定要加强管理，防止产蛋率下降过快。在产蛋率高于 85%的阶段依然要使用高峰产蛋料，当产蛋率低于 85%才更换产蛋后期料(表 5-42)。

表 5-42 第四十四至第五十八周日程管理表

7:30	喂 料
8:00	匀 料
8:30	检查鸡群
9:00	清扫地面
9:30	捡 蛋
11:00	带鸡消毒
14:00	喂 料
14:30	匀 料

续表 5-42

15:00	捡　蛋
16:30	蛋品分装
17:00	填写饲养记录和饲养日报表
操作要点	检查鸡群是否有异常，加强通风，每周 2～3 次带鸡消毒，每周清洁 1～2 次水箱，每周擦 1～2 次灯泡
重点提示	预防性投药：当气候突变、免疫等应激情况发生时，可以进行预防性投药 给鸡群提供安静舒适的生产环境，防止舍内温度剧烈变化 更换饲料要有 7～10 天的过渡期 根据抗体检测结果，适时免疫 及时淘汰残次鸡、病弱鸡以及停产鸡 适当增加光照时间，但不能超过 17 个小时

4. 产蛋后期日程管理(59 周至淘汰)　产蛋后期除了产蛋率下降，蛋壳品质也在下降，破蛋和薄壳蛋增多，此时应适当补充一些大颗粒的石粒。产蛋后期要根据产蛋率和蛋价计算效益平衡点，一旦处于亏损或盈利较少状态时，就要考虑淘汰蛋鸡，以免造成更大的损失(表 5-43)。

表 5-43　第五十九周至沟汰日程管理表

7:30	喂　料
8:00	匀　料
8:30	检查鸡群
9:00	清扫地面
9:30	捡　蛋
11:00	带鸡消毒
14:00	喂　料
14:30	匀　料

续表 5-43

15:00	捡　蛋
16:30	蛋品分装
17:00	填写饲养记录和饲养日报表
操作要点	检查鸡群是否有异常，加强通风，每周 2～3 次带鸡消毒，每周清洁 1～2 次水箱，每周擦 1～2 次灯泡
重点提示	给鸡群提供安静舒适的生产环境，防止舍内温度剧烈变化 及时淘汰残次鸡、病弱鸡以及停产鸡 提前安排淘汰前的各项准备工作和淘汰后的冲洗消毒工作
备注	淘汰鸡群时应尽可能一次性淘汰，缩短捉鸡时间。因捉鸡对鸡群应激较大，产蛋下降较多，如淘汰时间拖得太久，则造成很大的饲料浪费，影响经济效益

八、产蛋期故障及排除方法

(一)产蛋率上升缓慢的可能因素

良好的后备鸡在正确的饲养管理下，20～22 周龄时产蛋率即可达 50%，2～3 周便上升到 80%以上，25～26 周龄时产蛋率可超过 90%，上升的速度很快。实际生产中常见到不少鸡群开产日龄滞后，开产后产蛋率上升缓慢。27～28 周龄才达到 80%，以后的最高峰值达不到 90%，其主要原因有如下几个方面。

第一，后备鸡培育得不好，生长发育受阻，特别是 12 周龄之前的阶段内体重没有达到品种标准，鸡群体重大小参差不齐，均匀度不好。

第二，转入蛋鸡舍后没有及时更换饲料，或是产蛋率达 5%时仍使用“蛋前料”，没有及时更换成高峰期用的饲料。

第三，饲料品质不好。比如棉籽饼、菜籽饼等杂饼用量太多；饲料原料掺假，特别是鱼粉、豆粕、氨基酸等蛋白质原料掺假；饲料配方不合理，限制性氨基酸不足或氨基酸比例不恰当；维生素存放期太长或保管不当导致效价降低，甚至失效。

第四，鸡群开产后气候不好，天气炎热，鸡只采食量不足。

第五，后备鸡曾得过疾病，特别是传染性支气管炎。

第六，鸡群处于亚健康状态以及非典型性新城疫干扰等。

第七，措施：消除原因，在饲料或饮水中加复合多种维生素，连用5天，会加快产蛋爬高峰。

(二)为什么没有产蛋高峰

第一，品种有假。如果不是按照良种繁育体系繁殖的商品代，不仅不具备杂交优势，甚至会造成杂交劣势，这样的商品代鸡就是伪劣产品，不大可能有产蛋高峰期。用商品代的公鸡和母鸡进行交配繁殖、出售鸡苗的现象，在一些私人鸡场和孵坊并不鲜见，买了这样的雏鸡来养，产蛋时不出现高峰期就不足为奇了。

第二，长期过量使用未经脱毒处理的棉籽饼、菜籽饼，使生殖功能受到损害。

第三，药物使用有误。比如在后备鸡阶段较常使用磺胺类药物，使卵巢中卵泡的发育受到抑制。

第四，后备鸡阶段生长发育受阻，体重离品种要求相差甚多。

第五，长期使用劣质饲料。

第六，疫病影响。比如育成阶段鸡群发生过传染性支气管炎，鸡群内会存在为数较多的输卵管未发育的鸡，俗称“假母鸡”。

第七，鸡舍内饲养环境恶劣，氨气浓度高，尘埃多，通风不良或光照失误，鸡长期处于应激状态，都难以发挥生产潜力。

第八，找出原因，消除原因。在饲料或饮用水中加入复合多种维生素，能提高产蛋高峰峰值。

(三)产蛋突然下降的可能原因

鸡在连续产蛋若干天后会休产一天。高产鸡连产时间长，寡产鸡连产时间短，因此鸡群每天产蛋数量总有些差别。正常情况下鸡群产蛋曲线呈锯齿状上升或下降。在产蛋高峰期里，周产蛋率下降幅度应该在0.5%左右。如果产蛋率下降幅度大，或呈连续下降状态，肯定是有问题，这种现象可能是以下几方面因素引起的。

1. 疾病方面 鸡感染急性传染病会使产蛋量突然下降。如减蛋综合症侵袭时，鸡只没有明显临床症状，主要是产蛋量急剧下降和蛋壳变薄、下软蛋等。产蛋率下降的幅度通常会达到10%左右，严重的会达到50%左右。再如新城疫、传染性喉气管炎、传染性支气管炎等疾病都会造成产蛋率较大幅度地下降。

2. 饲料方面 ①饲料原料品质不良，例如熟豆饼突然更换为生豆饼，进口鱼粉突然换成国产鱼粉，使用了假氨基酸等。②饲料发霉变质。③饲料粒度太细，影响采食量。④饲料加工时疏忽大意，漏加食盐或重复添加食盐。

3. 管理方面 ①连续数天喂料量不足。②供水不足。由于停电或其他原因经常不能正常供水，也会引起鸡群产蛋率大幅度下降。③鸡群受惊吓。1999年台湾大地震时上海郊区的蛋鸡场鸡群产蛋突然下降。④接种疫苗，连续数天投土霉素、氯霉素等抗生素，或投服预防球虫病的药物，都会引起产蛋率突然下降，这主要是由于药物副作用引起的，⑤夏季连续几天的高温高湿天气，鸡群采食量锐减，产蛋率也会显著下降。⑥光照发生变化，例如停电引起的光照突然停止，光照时间减少。⑦初冬时节寒流突至，沿海地区台风袭击也会造成产蛋率下降。

(四)长期下小蛋的原因分析

小蛋有两种类型:一种是有蛋黄,蛋重明显低于各阶段品种标准;另一种是无蛋黄,大小和鸽子蛋差不多,这是畸形蛋类中的一种。其原因各不相同。

1. 小蛋产生的原因　①饲料中的能量、蛋白质过低。长期使用这种饲料会引起能量、蛋白质供应不足,以致蛋重偏小。②饲料摄入量不足。③蛋鸡体重过小。④光照增加过早过快,致使鸡群开产过早。

2. 畸形小蛋的产生原因　经常产无卵黄小蛋主要是输卵管有炎症引起的。输卵管炎痊愈后畸形小蛋就不会再产生了。

第四节　蛋种鸡的饲养管理

蛋种鸡饲养管理和蛋鸡基本相同,本章节结合蛋种鸡生长发育及生产的各个不同时期的特点来叙述各阶段的饲养管理要点。

一、育雏期管理要点

(一)育雏期管理目标

通过给雏鸡提供适宜的鸡舍环境条件和充足的营养,并通过公、母分饲,使种公、母鸡的体型能各自均匀地生长发育,达到合适的骨架和标准体重。

(二)育雏期管理重点

进鸡前做好各项准备工作,包括鸡舍的彻底冲刷、清洁、消毒,各种设备的调试,鸡舍的预温等工作,这是育雏成功的最重要因素。1～4 周龄是雏鸡的各个系统生长发育的关键时期，雏鸡各组织器官从功能的不健全（或不具备）逐渐发育，雏鸡对外界的各种应激因素抗逆性很差，主要依靠母源抗体的保护免受损害，极易受到环境变化的影响而出现病理现象甚至死亡。因此，我们要根据雏鸡的生理特点，加强管理。

（三）公、母分开饲喂

由于公雏体型较小，若开始时不单独饲养，则公雏的体型在 6 周龄得不到应有的发育，影响以后的受精率。

（四）温度、湿度和通风管理

一般前 6 周要求封闭育雏，落实好基本的生物安全措施，要注意控制好育雏舍的温度（特别是育雏伞下鸡背的温度和垫料的温度及饮水的温度）、空气相对湿度（50％～70％）及通风换气工作，适时给雏鸡加水加料，并给予充足的光照时间和强度，让雏鸡有一个良好的生活环境。在良好的通风情况下，保持正确的育雏温度，这是育雏成功的基本条件。育雏初期能否正确地保温和通风，对于日后的体型发育、健康和抗病能力均有很大的影响。如果把育雏舍紧紧关闭，才能维持应有的温度时，这样一来会造成舍内通风不足而增加马立克氏病发生的可能，育雏建议使用保姆伞进行温差育雏法，效果较好。

（五）饮水管理

喂料前，先让小鸡先喝 2～3 小时的温开水，为缓解长途运输对鸡的应激，可在饮水中添加 5％的葡萄糖，同时添加电解多种维生素，但饮用时间不可太长，一般 6 小时左右，否则会出现糊肛现象。重点教弱小的不会饮水的小鸡，这对提高成活率有较大帮助。7～10 日龄后过渡到自动饮水器，须确定小鸡已经学会使用新的饮水设备后，才可以将饮水器移走。

(六)喂料管理

蛋种鸡从第一天起，就必须为雏鸡提供高能(12.14～12.97兆焦/千克)高蛋白质(21%)高质量且营养均衡的幼雏料(也可使用肉鸡幼雏料)，直到满4周，目的是建立良好的骨架发育。少喂勤添，刺激食欲，使之尽快达到标准体重。每50只小鸡提供一个干净的料盘，最初几天要采取少量多次的饲喂方式，要让雏鸡尽快学全使用常用的喂料设备，3日龄做完球虫免疫后换料桶。

(七)光照管理

育雏前3天，24小时光照。第四天改为22小时，光照强度降为20勒即可，1周后降为20小时，第二周起改为18小时。育雏期使用这种递减式的光照程序，目的是有更多的时间采食饮水，以早日建立良好的体型。

(八)注意预防球虫病及慢性呼吸道病的发生

对于球虫病的预防，一般采用3日龄球虫疫苗喷料免疫，但要注意免疫后加强鸡舍的垫料管理以及氨丙啉等药物预防，确保免疫成功。

(九)断喙管理

在理想的鸡舍条件下，断喙是不必要的，但它可以预防鸡只的啄羽行为，例如在光照太强的鸡舍，不平衡的饲料营养结构、通风不良、密度太大、鸡舍环境嘈杂等情形下，各周龄的鸡只都会发生啄羽行为。一般要求7～10日龄进行正确断喙，这样对于雏鸡的应激较小。注意断喙时一定要有专业技术人员操作，以确保断喙质量。断喙后3～5天，适当提高育雏温度，并增加饲料量，断喙前、后2天，在饮水中添加维生素K，以使烧伤处尽快愈合。总之，5周龄以前鸡群能否正常生长发育是整批鸡盈利的关键。

二、育成期管理要点

(一)育成期管理目的

通过给鸡群提供适宜的环境条件和理想的营养供给,使种鸡在达到性成熟之前,能建立良好的体型,并使鸡群有良好的均匀度。所谓体型就是正常的体重建立在良好的骨架上面,所以体型是骨架和体重的综合表现。而良好的骨架发育是维持产蛋期间高产能力及优良蛋壳的必要条件。若种鸡骨架小而体重大,则鸡只会表现肥胖、产蛋性能不理想、早产、脱肛多、产蛋初期死淘率高等不良影响。

(二)育成期管理工作重点

对于蛋种鸡来说,饲料营养供给的方式直接决定体型的发展。我们通常以 8 周龄为界分前、后两个阶段,前 8 周着重骨架的发育,完全注重胫骨的生长,到 8 周龄末鸡群胫长能否达标相当重要,因为这影响到该品种能否发育到应具备的体型(包括体重和骨架两部分)。若 8 周前骨架得到充分发育,以后骨架会长到应有的高度,从第九周起到准备初产,着重在体重的增长,即要有适宜的周增重。在正常情况下,大约需 18 周的时间完成产蛋前期的体型发育,即体重达到 1 400 克以上。

(三)8 周龄前的管理要点

从第五周起,改为 18.5%蛋白质的育成鸡料,直到 8 周末。此阶段雏鸡的器官功能除性器官外日趋正常,能够逐渐适应外界环境变化并具备了较高的抗病能力。所以,这一阶段是系统成熟及适应期,也是骨骼逐渐发育的开始,在保证饲料营养全价平衡的同时,还要给予适当的喂料量,促使其日耗料达到标准。可以通过分群管理，平时和免疫时通过鸡调群等综合措施来调整提高鸡群均匀度。此期间要尽量做好传染性喉气管炎及禽流感的首次免疫。要特别注意8周龄前的体重必须达标，因为体重小的鸡群以后的生产性能不会理想。如果饲料的营养成分符合标准，鸡舍环境条件适宜，有足够的采食和饮水空间，体重通常都能达标，如果不达标，应立即查找原因，及时纠正。前8周光照程序的制定的原则，是要实行光照渐减法，以鸡群实际体重情况来决定光照时间。

（四）9～12周龄的管理要点

这时期，青年鸡活泼喜食，体格坚实，对饲料营养要求相对较低。育成鸡是鸡体骨骼及肌肉发育的重要时期，是吊架子的时间。从第九周起，改为15%蛋白质的大鸡料，一直到16周末。大鸡料与产前料或高峰料之间的代谢能差别，以不差200千焦为宜。如果相差悬殊，就会减低产蛋期的采食量而影响以后的性成熟和产蛋量。大鸡料应含有11.51～11.72兆焦/千克的能量及至少3%的粗纤维，目的是使青年鸡的嗉囊和肠道借之扩张，培育种鸡有较高的采食量，进而进入产蛋期，母鸡有良好的采食胃口，将来有令人满意的产蛋高峰和更多的产蛋量。9周龄以后若体重达不到指标，必须检查原因是营养成分的不平衡，还是管理上存在问题。无论处于任何季节的育成鸡都要设法使其日粮采食量超过标准5%以上。必须建立正确的饲喂方式，每天至少有2小时的空槽时间，借以刺激鸡只的食欲。由于本阶段为粗饲期，相对容易患一些环境性疾病如大肠杆菌病、肠炎、细菌毒素中毒，以及曲霉菌病、寄生虫病等。要做好定期预防投药及日常消毒工作，并及时投喂抗蠕虫药物。后期要着手疏散鸡群密度并固定笼只数和笼位，对于平养蛋鸡要开始设置产蛋箱。另外注意：从第八周开始自然光照的渐增和渐减会影响蛋种鸡的性成熟的提早或延迟，因而8周龄起到体成熟（大约19周龄）之间实施恒定时间的光照程序，可促使鸡群的体成熟和性成熟同步完成，从而得到良好的育成品质。

（五）13～18周龄的管理要点

这是育成后期也属于产蛋前期，这时鸡体的生殖系统包括输卵管、卵巢、睾丸及性腺进入快速发育期，鸡冠开始长大，脸颊红润，羽毛光滑油亮，羽翼丰满。对于体重偏小或严重超标以及性发育不一致的个别鸡只要尽早发现并分开饲养。如有必要，应进行修喙，以防浪费饲料及啄癖发生。此时鸡只日采食量要接近100克，体重达到开产体重或略超标，并注意调整日粮使蛋白质含量达到17%，钙、磷含量提高，逐渐增加贝壳粉用量。为防止鸡只开产前腹泻，可降低饲料中粗纤维及石粉含量，或改用预产料。光照控制要合理，不可延长光照时间或增大光照强度，时间也不应小于14小时，此为刺激母鸡性发育的光照值。此时已经有个别鸡只产蛋，因此应该把防疫工作在此前做完、做好。同时，有必要对鸡群进行产前预防投药和驱虫，以缓解鸡体应激。要淘汰鉴别错误及发育不良的鸡只，挑出最优秀的公鸡，如平养100只母鸡配10只公鸡，笼养采用人工授精的保留4～5只公鸡即可。注意要在15周龄以前完成转群工作，并完成鸡新城疫、传染性支气管炎、传染性法氏囊病和产蛋下降综合征四联苗的接种工作。转群前产蛋鸡舍要进行彻底的清洗和消毒，转群过程中要小心捉鸡，以免造成骨折或损伤到正在发育的卵巢。转群前、后3天，要在饮水中添加多维素以减少应激。经常巡视鸡群，分数次且充分地给料，最后1次喂料应在晚间熄灯后进行。转群后换为产前料，直到产蛋5%，再换为产蛋高峰料，目的是可以使鸡群均匀度更好，对一些发育较慢的鸡只，此时采食产蛋料后也有机会赶上，另外可以使一些早成熟的鸡初产时或整个产蛋周期蛋壳质量提高。

三、产蛋期管理要点

(一)产蛋期管理目的

提供给蛋鸡适宜的光照刺激和营养刺激，确保蛋鸡尽快地达到产蛋高峰，并通过加强鸡舍细节管理，维持产蛋高峰，保持产蛋的持久性。

(二)产蛋期的管理工作重点

蛋鸡从开产到40周龄，体重还是在增加，这期间的体重必须保持在标准之内，这是达成理想产蛋的基本条件。每周照样测定体重，40周龄后改为2周1次，若鸡群体重不能达标，则平均蛋重会变小，产蛋率下降也快。所以，从测定体重可判断鸡群是否正常，以便及时发现问题的所在，及时解决。因此，产蛋期最准确最经济的饲喂方式是以产蛋率、蛋重体重、日龄和采食量等为依据而进行饲喂，随着日龄的增加，要相应制定不同的饲喂计划来控制蛋重，避免鸡只的营养过剩和不足。

(三)18～20周龄的管理要点

育成期要经常注意鸡群体重的发育，使其在18周龄达到1 400克。罗曼褐种母鸡平均体重达到1 400克时，体型就成熟准备开产，所以体重一旦达到就应马上延长光照时间，以刺激产蛋，使鸡群进入产蛋期。若育成期间使用的饲料其营养成分偏高，或因营养偏低致使采食量增加的情形下，鸡群的发育也会较快，可能在17周龄达到1 400克，因此无论周龄大小，不要错过光照刺激的时间。光照刺激的原则，每次增加光照时间以15～30分钟为宜，每周增加1次，至少8次，一直到产蛋高峰，最后所有的光照时间必须在15小时以上，但不得超过17小时。每次光照增加时间不超过 1 小时，实践证明，若每次增加光照超过 1 小时，高峰过后，体重下降快，产蛋性能差。体重未达到 1 400 克以前，不要光照刺激，但如果体重未达到 1 400 克而开始产蛋(性成熟较体成熟早)，应立即改为产蛋高峰料。从第 17 周龄开始使用含 17.5%蛋白质的产前料，一直到产蛋 5%改为高峰料，正常大约是 20 周龄。如产前料给予过晚，则会降低鸡群的采食量，而延迟鸡群的成熟。由于良好的前期管理，鸡群产蛋率平稳上升，一般由见蛋到开产 50%产蛋率，需 20 天左右的时间，再经 3 周左右就达到高峰了。这一阶段要随时注意产蛋率的变化，加强饲养管理及日常工作，搞好环境卫生。在产蛋率上升直至 16 小时恒定光照，光强 10～20 勒。

(四)21～36 周龄的管理要点

此阶段使用产蛋高峰料。在产蛋高峰期每日每只的代谢热能需求为 1.25～1.30 兆焦/千克。如鸡群管理得当，则鸡群会迅速达到高峰并维持良好的产蛋性能。注意:产蛋舍内要有良好的通风系统，特别是产蛋高峰碰到炎热的夏季时，只有保持鸡舍内的凉爽，让鸡群舒适才会有良好的采食量，才可能得到应有的生产性能。要供给鸡只充足的清洁饮水并自由采食，日粮营养全价，切忌随意调整日粮配方。定期带鸡消毒，做好大环境及鸡舍用具消毒工作，注意防寒抗暑，遇到天气干燥的季节在舍外多泼洒清水，增强防尘，夏季投喂解暑药物。但要尽量减少化学药物及驱虫药的使用，避免任何形式的免疫接种。

(五)37～50 周龄的管理要点

高峰后平稳期，饲养管理良好的鸡群高峰后产蛋率仍在 90%以上。这时的鸡群由于产蛋高峰影响，体质开始下降，日粮消耗略有增加，鸡群有脱毛换羽现象，蛋品质也稍有下降。要在日粮中补充维生素及矿物质微量元素，同时全群进行预防性投药，防止产蛋疲劳综合征发生。产蛋期要每月进行1次抗体检测，每隔6～8周进行必要的喷雾免疫接种，以提高鸡群的抗病力。总之，要尽量延长平稳期间，使产蛋下滑减慢，多增效益。

（六）51～72周龄的管理要点

产蛋末期，产蛋率呈下降趋势，因为鸡群经过一段紧张的产蛋阶段后，生理上不能满足平均每日50克蛋重的支出，在产蛋下降同时，容易发生猝死综合征及腹水综合征而导致死淘率增多。这时要及时调整鸡群均匀度，尽早淘汰没有饲养价值的停产或极低产鸡只。如果鸡群均匀度好可以考虑进行强制换羽，当然也要根据市场行情而定。为防止蛋壳质量下降所带来的损失，要在饲料中添加利用度高的钙源，并适时更换产蛋末期料以降低饲养成本。同时，也要避免鸡只采食量过低造成失重，如贝壳粉及石粉的过量添加使日粮口感下降，杂粕含量过高引起消化功能紊乱等。随着蛋鸡业规模化及疫病流行复杂化，养鸡进入微利时代，科学的饲养管理更显得重要。因此，要求我们要特别注意鸡群各个阶段的细节管理，才能取得良好的经济效益。

四、蛋壳质量控制

（一）蛋壳质量在生产中的重要作用

1. 蛋壳质量对蛋的破损率和种蛋合格率的影响　蛋壳质量较好的蛋，蛋壳较厚，强度较大，所以蛋的破损率较小，种蛋合格率较高。反之，蛋壳质量差的蛋破损率较高，沙壳蛋较多，种蛋合格率较低，也很容易在运输途中破损，给生产带来很大的损失。

2. 蛋壳质量对孵化率的影响　蛋壳质量是影响孵化率的重要因素之一，一般认为蛋比重在1.08～1.10孵化率较高。蛋比重小于1.08，则蛋壳较薄，薄蛋壳可引起孵化期失水过度，及胚胎含钙不足，薄壳蛋也容易遭受污染，因而孵化率较低。蛋比重大于1.10，说明蛋壳较厚，通气路径较长，从而妨碍气体交换，此外蛋壳较厚使得雏鸡难以破壳而出，这些均会引起孵化率下降。

（二）影响蛋壳质量的因素及对策

1. 营养因素

（1）钙的原料　植物性饲料原料的含钙量较低。骨粉、磷酸氢钙、石灰石及贝壳粉是产蛋鸡的主要供钙原料。使用贝壳粉作为供钙原料，蛋壳强度明显优于使用细小石灰石。

（2）钙的需要量　饲料中钙的含量一般在3.2%～3.8%为最佳，40周龄后的鸡饲料中钙的含量可适当增大，因为此时产的蛋较大，所以对钙的需要量也增大。

（3）磷的需要量　饲料中总磷量在0.5%～0.65%，有效磷在0.3%～0.45%时蛋壳强度较好，有效磷含量太高蛋壳强度反而下降。大量研究表明，0.30%～0.35%可利用磷配合3.5%钙对产蛋率和蛋壳质量效果最佳。

（4）维生素D　维生素D是合成钙结合蛋白，活化骨钙代谢，加强肠内磷吸收和肾内磷代谢所必需的维生素。缺乏维生素D时，直接影响到肠黏膜上皮细胞对钙的吸收能力，产蛋鸡会出现产蛋下降，软壳蛋、破壳蛋增多。维生素D是由体内合成的7-脱氢胆固醇移至体表经阳光（紫外线）照射生成。舍饲或笼养鸡，常因阳光照射不足，造成维生素D缺乏。因而饲料中应添加维生素D，使日粮中维生素D的含量：商品蛋鸡达到2 200单位/千克，种鸡达到3 000～3 500单位。

（5）维生素C　维生素C在钙三醇形成过程中起重要作用，如果供应失衡最终会影响蛋壳质量。维生素C在健康鸡的肾脏能够自行合成，但在各种应激条件下将导致维生素C的生物合成不能满足其需要。所以，通过饲料或饮水补充维生素C的供应显得尤为必要。每吨饲料中添加150～200克维生素C,或通过饮水补充等量的维生素C,可以改善蛋壳质量并将破蛋机会降至最低限度。

(6)烟酸 饲料中烟酸如果过量会使维生素D灭活。因此,即使日粮钙和维生素D含量足够,当烟酸过量时也会导致低血钙,致使蛋壳质量下降。

(7)日粮氨基酸及微量元素 日粮中的氨基酸,尤其是蛋氨酸、赖氨酸和氨基己酸有强化蛋壳的作用,不仅可强化蛋壳膜,而且可使蛋壳厚度均匀。低锰日粮可导致单位面积蛋壳质量下降,裂纹及破损蛋的比例上升。

(8)酸碱平衡 饲料的酸碱度影响蛋壳质量,一般认为碱性饲料有利于蛋壳形成。日粮中的钠离子、钾离子和氯离子可以改变家禽血液的pH值,从而影响家禽所产种蛋的蛋壳质量。

2. 管理因素 ①密度适宜,通风良好,光照合理。②保证饲料配方及喂料的连续稳定性,饲料要搅拌、分配均匀。③鸡主要在夜间形成蛋壳,此时钙的需要量大,为使钙的补给更有效,补钙应在下午进行,特别是在傍晚采食大粒贝壳,有助于提高蛋壳质量。此方法对产蛋后期的母鸡尤为有效,一般每只鸡每天补喂3～4克。④产蛋鸡对各种应激因素都十分敏感。由于鸡非常胆小,易受惊吓,突然声响、晃动的灯影和跑动的老鼠以及艳丽的色彩等都可引起产蛋鸡惊群,造成鸡蛋破损,蛋壳质量下降。所以,应当保持鸡舍周围环境安静,避免各种惊吓刺激。

3. 鸡龄 鸡龄是影响蛋壳质量的主要因素。由于蛋壳腺所分泌的钙是恒定的,而蛋重却随鸡龄增加而增加,尤以产蛋后期增加量最为显著。蛋重增加蛋的表面积增大,致使蛋壳变薄;另外,产蛋后期母鸡的蛋壳腺脂肪沉积较多,血钙利用能力下降,所以要从摄入量上控制母鸡体重及蛋重。

4. 高温影响蛋壳质量 鸡舍温度过高会显著影响蛋壳质量。

主要是因为:①采食量减少,从而减少钙的摄入量。②高温下鸡对钙消化吸收力差,血钙较低。③蛋壳由二氧化碳参与合成,高温下鸡为了散热,呼吸次数激增,排出大量二氧化碳,结果血液中碳酸氢根离子减少,蛋壳形成受阻。因此,夏季鸡舍要采取隔热降温措施,如安装通风设备、搭棚遮阴、喷雾冷却、湿帘降温等。同时,在饲料中添加维生素 C 等抗热应激添加剂以及添加碳酸氢钠,对提高蛋壳质量都有明显效果。

5. 疾病 新城疫、传染性支气管炎、减蛋综合征、禽流感、输卵管炎、肠炎等都会使母鸡所产的蛋出现异常,如小蛋、无壳蛋、沙壳蛋等。应切实做好这些疾病的早期预防,如开产前注射油乳剂灭活疫苗等。防治细菌性疾病时如果使用磺胺类药物常见有无壳蛋,所以宜用抗生素代替磺胺类药物来治疗。另外,一些真菌污染饲料,会降低蛋壳质量。饲料中混入杀虫剂及重金属也会产生不良影响。

(三)蛋壳质量的评价方法

对蛋壳质量进行监测可以了解蛋壳质量的变化情况,采取相应的孵化方案,提高孵化率、健雏率。当蛋壳质量下降时,可以及时发现,并对鸡群采取相应的措施,将出现的问题尽早解决。这样,可减少生产中的损失。对蛋壳质量的测定主要有以下几种方法。

1. 厚度法 用游标卡尺测定若干枚蛋的大头、小头及中间部位的蛋壳厚度,然后取平均值即可,一般要求厚度不低于 0.3 毫米。

2. 比重法 蛋比重与蛋壳厚度呈正相关,它是衡量蛋壳质量的重要指标之一。蛋比重是根据蛋依次在不同浓度盐水中漂浮与否而测得,盐水共分 9 级,以每 1 000 毫升水加食盐 68 克为 0 级,以后约每增加 4 克食盐上升 1 级,用比重计校正后的比重级别见

表 5-44。

表 5-44　各个级别蛋壳的比重值

级　别	0	1	2	3	4	5	6	7	8
比　重	1.068	1.072	1.076	1.080	1.084	1.088	1.092	1.096	1.100

将需测的蛋从 0 级开始，逐级放入制好的盐水中，视蛋漂浮上来的盐水比重级，即该蛋的比重级别，比重级高，表明蛋壳厚。

3. 壳重百分率　即为蛋壳重占蛋重的百分比。其方法是将蛋称重后打开，倒去内容物并将蛋壳上的蛋白吸走，风干，称蛋壳重，即可求出蛋壳百分比数。

4. 密度法　即测定单位表面积的蛋壳重(毫克/厘米^2)。测定步骤：①称量蛋重并计算出蛋壳表面积。表面积(厘米^2)＝3.9782×W(克)$^{0.7056}$[W 为蛋重(克)]。②打开蛋，将蛋壳置盘中烘至恒重(105℃，6 小时)，称壳重。③单位表面积壳重(毫克/厘米^2)＝壳重(毫克)/表面积

5. 蛋壳强度　蛋壳强度即为蛋壳抗破损能力。蛋壳强度(千克/厘米^2)测定方法：用蛋壳强度测定仪测定每平方厘米蛋壳所能承受的压力大小，良好的蛋壳强度应在 3.5 千克/厘米^2 左右。

6. 浮力称量法　此方法是笔者由二次称量法演变而来，所谓二次称量法：先在天平上称出蛋重 m_1，再在蒸馏水中称出蛋重 m_2，根据蛋在空气和水中称量的差数，按公式 $y = m_1/(m_1 - m_2)$ 计算比重。虽然二次称量法给出计算公式，但并无详细操作说明，由于称量蒸馏水中蛋重不太方便，所以将其改为称量蛋在蒸馏水中所受浮力。蛋在蒸馏水中所受浮力，也就是蛋在空气和蒸馏水中称量值的差数。

7. 各种经典蛋壳质量评价方法的结果比较　见表 5-45。

表 5-45 各种蛋壳质量测定法的关系

比 重	单位表面积壳重 （毫克/厘米^2）	壳重/蛋重	壳厚（毫米）
1.070	63.24	7.1	0.29
1.075	72.23	8.3	0.30
1.080	77.51	9.0	0.31
1.085	82.50	9.6	0.33
1.090	88.92	10.3	0.36

五、种公鸡的饲养管理要点

（一）种公鸡的特点

种公鸡具有生长速度快，体重不好控制，饲料转化率高，抗病力相对较差，对环境、营养要求高等特点。

（二）养好种公鸡的意义

提高精液品质，真正实现“优生优育”；提高受精率，增加收入；降低公母比，减少公鸡饲养量，节约饲料，减少兽药、疫苗支出，提高笼位利用率。

（三）种公鸡饲养管理的目标

1. 外观 体格健壮、肌肉结实、前胸宽阔、眼睛明亮有神，灵活敏捷，叫声洪亮；腿脚粗壮，脚垫结实富有弹性；羽毛丰满有光泽，第二性征明显，鸡冠和肉髯发育良好，颜色鲜红为佳。

2. 生产性能 采精量一般在 0.4～1 毫升，密度为 25 亿～40 亿个/毫升，直线运动，无畸形。

（四）种公鸡饲养管理的关键点

1. 种公鸡的挑选　实践证明，选择好的公鸡作种用可明显提高种用期种蛋受精率、孵化率，延长种用时间，以及后代的生产性能。公鸡的选择一般分 4 次进行，其时间和要求如下：

①第一次选择在出壳后雌雄鉴别时进行。选留体型外貌符合所养品种（配套系）的标准、生殖突起发达且结构典型的小公鸡，将肢体残缺、体型过小、软弱无力、叫声嘶哑的小公鸡挑出淘汰。

②第二次选择在育雏结束时（35～42 日龄）进行。第二次选择是关键，应选留健康、体格健壮、活泼好动、眼大有神、体型外貌符合所养品种（配套系）的标准、体重较大、鸡冠发育大、色泽鲜红的公鸡。

③第三次选择在 17～19 周龄时进行。选留发育良好、体格健壮、冠髯鲜红、双腿结实、腹部柔软，体重中等，按摩背部和尾部时，尾巴能上翘、有性反射的公鸡。

④第四次选择在 22 周龄左右进行采精训练时进行选择，应选留腹部柔软，按摩时肛门外翻，泄殖腔大而松弛、湿润、交配器大、勃起并排出精液质量良好的公鸡；淘汰第二次采精仍采不到精、精液量不足 0.3 毫升、呈黄色水样以及采精时总是排稀粪的公鸡。

2. 各时期的管理关键点

（1）育雏期（1～8 周龄）　此时是机体体温调节能力差、抗病力弱、生长发育快、代谢旺盛时期，同时也是心血管系统、免疫系统、羽毛和骨架发育的关键时期，应像照顾“婴儿”一样对待每一只公鸡；相比母鸡，0～4 周龄抵抗力更差，对空气质量要求严格，通风不良或通风过大，易发支原体感染，导致“肿睑病”，因此在育雏期应将公鸡放在鸡舍温度高、通风良好的位置；1 周龄饲养管理的成功与否，决定了前期对疾病的抵抗力，因此应确保前期蛋白质的充足供应，要求 1 周末达到初生重的 2 倍。没有一个良好的体型，种公鸡就会趋于肥胖，对采精量影响较大，所以至 8 周末，鸡只 85％的骨架发育基本结束，体重应达到 900～1 000 克。

(2)育成期(9～20 周龄) 体成熟与性成熟同步化是此时期饲养管理的重中之重，育成期公鸡的发育情况直接影响后期精子的活力、密度和精液量。进入育成期，肌肉、骨骼肌开始快速增长，10～15 周龄睾丸开始发育，15 周龄后繁殖系统进入发育高峰，因此在此时期应密切关注每周体重变化，及时调整鸡群，对体重不达标的鸡只增加营养供给。第二性征开始显现时，为防止公鸡互啄，最好单笼饲养。

(3)采精前期(20～21 周龄) 此时期，一般都在关注鸡群产蛋情况，而忽视了公鸡的管理。殊不知采精前期公鸡的体质和训练的成功与否直接影响后期公鸡的使用，因此在采精前期必须重视公鸡的饲养管理。采精前应适当增加营养供给，一般可在饲料中添加 0.04％的维生素 E、0.1％的奶粉或饲喂鸡蛋(须煮熟)，以增强公鸡体质，为采精做准备，要求 20 周龄体重应达到 2 700～2 800 克；145～154 日龄开始修剪泄殖腔周围的羽毛(一般 2～3 厘米)；训练公鸡，建立条件性性反射；监测精子活力、密度，及时淘汰不合格公鸡。

(4)采精期(22 周龄至淘汰) 以体重为主线，关注各周体重变化，防止过度使用；低蛋白质、高品质的营养供给是关键。公鸡饲料的营养成分应以低蛋白质、高品质为原则，一般蛋白质在 13％～15％的水平就可满足采精的需要。但要求各种氨基酸配比一定要均衡。目前，一些种鸡企业还没有公鸡专用饲料，一直饲喂母鸡料。母鸡料中蛋白质、钙磷含量均高于公鸡需要的水平，过多的蛋白质、钙质供给，会增加肾脏负担，长期饲喂易引起肾功能衰退和睾丸萎缩，进而对精液量和精液品质造成影响，因此要求公、母鸡一定要分别制定不同的饲料配方，分开饲养；45 周龄后公鸡的性功能开始逐渐衰退，精液品质和采精量逐渐下降，应适当加强营养供给。

成年公鸡适宜干燥、通风良好、温度为13℃～25℃的环境，阴冷、潮湿和有贼风侵袭的环境对采精量和精液品质影响很大，因此在考虑公鸡的安放位置、进风口调整、特殊天气、夏季湿帘使用时应特殊关注公鸡的管理。

3. 种公鸡的训练

(1)目的　建立良好的条件性性反射。

(2)时间　145～154日龄间，每2天1次，一般连续训练4次。

(3)方法　抱鸡人员捉鸡的速度要轻而快，用左手握住公鸡的双腿根部稍向下压，注意用力不可过大，公鸡躯体与抱鸡人员左臂平行，尽量使其处于自然状态；采精人员采用背部按摩法，从翅根部到尾部轻抚2～3次，要快，然后轻捏泄殖腔两侧，食指和拇指轻轻抖动按摩。

(4)注意　采精过程中要尽量减少应激；每次采精必须将精液采尽；预留公鸡数量以公母比1∶35为宜，训练3次后，将体重轻、采不出精液、精液稀薄、经常有排粪反射及排稀便的公鸡及时淘汰。

六、人工授精要点

(一)公鸡精液的采集

1. 首次应用精液前的准备工作

(1)公鸡的剪毛　公鸡采精前，应剪去肛门周围直径5～7厘米的羽毛，形成以肛门为中心的凹窝状，这样既方便操作，又可防止肛门周围羽毛粘着鸡粪而影响精液的卫生。

(2)公鸡的采精调教　在输精前的2周，对要用的公鸡进行采精调教，使之对保定、按摩、射精过程形成良好的条件反射，并借此了解各个公鸡的性反射习惯，这种调教一般要 7 次左右才能完成。

(3)弃去衰老的精子　在首次应用精液前 2 天，对所用公鸡全部采精，目的是弃去输精管中成熟时间太长、已衰老的精子。

2. 采精　采精就是用人工方法采取公鸡的精液，这是人工授精工作的一个重要环节。目前，应用最广泛的是背腹式按摩采精法。

所谓按摩采精法，就是用手按摩公鸡，引起公鸡性反射而射精的方法，因按摩部位不同，有人又细分为腹式按摩采精法、背式按摩采精法和背腹式按摩采精法，但就实际应用效果看，背腹式按摩采精法更好。采精是一个连贯的过程，为便于叙述和理解，把采精过程分成保定、按摩与集精两部分介绍。

(1)保定　采精员从笼内轻轻抓出公鸡后，以右腿着力蹲下，左腿膝关节半收缩，小腿撇向身体左(偏)后方，左手轻轻抓住公鸡的右翅根，将其头向左后方，翼基部置于左腿膝关节下，用膝关节轻抵公鸡，放开左手。至此，完成了公鸡的保定工作。

保定时，采精员应注意膝关节抵的部位及力度大小。部位偏后，公鸡会向前跑；偏前，公鸡会向后退出。用力太小，公鸡易跑掉；太大，易将公鸡压趴下而影响操作及射精量。一般要求，在保定公鸡后，可不费力地插入和抽出手掌为宜。新公鸡因没有建立条件反射，难保定，膝关节抵压用力可适当大些。

(2)按摩与采精　公鸡保定好后，采精员用右手食指及中指夹着集精杯，杯口向内。左手拇指与其余并拢的四指分开呈“八”字形，掌心向下，虎口跨着鸡背，从翼基部迅速抹向尾根。在此过程中，拇指与四指逐渐收拢，至尾根处紧握尾羽，这一过程称为背部按摩。

背部按摩一般需 2～3 次，具体要视公鸡性反射情况而定。性反射强的公鸡，按摩 1 次就能尾巴上翘，肛门张开，泄殖腔外翻，露出交配器，这些公鸡如多次按摩，可能来不及集精即已射精；性反射不强的公鸡，背部按摩可多几次，并结合腹部按摩，绝大多数可采到精液。

在背部按摩的同时，采精员右手也分开拇指和其余四指，掌心向着鸡头方向，虎口紧贴公鸡后软腹部，拇指与食指有节奏地向上托动，这一过程称为腹部按摩。腹部按摩通常也只需2～3次。有性反射的公鸡，腹部按摩时，采精员的右手会感到公鸡腹部下压。

按摩时，除应把握适宜的按摩次数外，还要注意背腹部按摩应协调，两者同时进行；按摩用力大小要适宜，用力太小，交配器外翻不充分，太大可形成逆刺激而不发生性反射。

经过背、腹同时按摩，性成熟的公鸡都可外翻泄殖腔，露出交配器。此时，也仅在此时，在背部按摩的左手应迅速移至尾根下、肛门之上，用手背外侧边缘挑起尾羽，拇指与食指从外露的交配器两侧，紧贴肛周水平地掐起，使交配器得到固定，以防止回缩；右手掌心转向上，使集精杯口对着并靠近交配器，收集精液。

在固定交配器时，两指头应在同一水平线上，否则会使交配器变形，影响射精量；固定位置太上或过下，交配器都易回缩；用力过小，交配器也会缩回，太大则会挤出粪便和过量透明液甚至出血；固定时间早了，交配器外露不充分，迟了则缩回。在固定交配器时还应注意，手指及集精杯都不可接触交配器。

集精时，采精员应注意精液的取舍，尽量减少污染。若外翻交配器周围有粪便时，应先用干药棉擦去，再集精；当集到一定时间，交配器皱褶里流出多量透明液，即停止集精，防止透明液混入影响精液品质。

由上可知，保定与按摩集精相互影响，并都直接影响采精结果，一个好的采精员应掌握各个公鸡的性反射习惯，迅速而熟练采得优质精液。

3. 采精注意事项

①采精技术虽不复杂，但必须认真按规程操作；因公鸡已适应

采精员的采精习惯动作，所以一般不要轻易更换人员，否则造成应激而难以采到精液。

②加强种公鸡的饲养管理，使之健康并肥瘦适度。在采精前3小时开始停水、断料，防止采精刺激引起拉稀而污染精液。

③集精时，宜一只公鸡用一只集精杯，采到后再将精液用滴管合并，以防一只公鸡的不洁精液而影响整杯精液质量，被粪便等污染的精液应舍弃。

④要有每个公鸡的采精记录。一般每个公鸡每天采1次，连采3～5天，应让公鸡休息1～2天。

⑤虽然鸡的精子对冷刺激不太敏感，但是急剧冷却对精子受精力也有不良影响。因此，在冬季，采精及输精时应适当保温，集精杯应预热至35℃～40℃。

⑥多数鸡场，精液不加稀释就边采边用。这种原精液精子代谢旺盛，又得不到能量补充，活力会很快降低。因此，从集精到用完的时间越短越好，一般不要超过30分钟。

（二）鸡精液品质的检查

公鸡的精液品质直接影响种蛋受精率，对精液品质进行定期和不定期检查是长期保持良好受精率的措施之一。精液品质检查的方法有：外观检查、显微镜检查、生物化学检查及抗力检查。实际生产中仅进行外观检查。

1. 外观品质检查　精液的外观检查是采得精液后，用肉眼观测每只公鸡的射精量、精液颜色、精液密度、精液污染等情况，判断公鸡精液品质好坏的大概程度，现场决定精液可否应用。

（1）射精量　公鸡在一次采精后射出的精液量，用带刻度的集精杯测量（精确到0.1毫升）。鸡的射精量受各种因素的影响且个体差异较大；经过选择的肉用及蛋用种公鸡平均射精量分别为0.6～0.8毫升。射精量通常不作为评定精液品质的指标。

(2)精液颜色　精液颜色是决定精液品质的重要指标。正常、新鲜的公鸡精液呈乳白色。不正常的颜色常为:精子密度太低,颜色淡,像水样;混有血液而呈粉红色;混有粪便呈黄褐色或黑斑状;混有尿酸盐呈白色棉絮状;混有大量透明液呈现上层清水样;有病无精子的公鸡精液为黄水样等。凡是颜色异常的精液都不宜用于输精。

(3)精液密度　优质精液应为乳白色、浓稠的液体,它的密度多在每毫升 30 亿个以上;只有在疾病、遗传、应激、混入粪尿等时才会是稀的。

2. 影响公鸡精液品质的因素

①采精人员的动作熟练程度。

②采精时间。为避免粪尿等污染,最好在停水断料 3～5 小时后再采精。

③采精间隔。合理的采精间隔是获得优质精液和提高受精率的重要措施。据报道,隔日采精 1 次可以获得品质优良的精液,并能圆满完成繁殖期内的配种任务。

④换羽。公鸡换羽对繁殖力有不良影响。在换羽期间,公鸡精液浓度和精子抵抗力都有明显下降,但随着换羽的完成,公鸡的繁殖力可得到恢复。公鸡的换羽一般比母鸡早 1 个月,这就要求最好有不同日龄的后备公鸡替换使用。

⑤疾病。几乎所有的疾病都可明显影响公鸡精液量及品质,要加强卫生防疫管理,减少疾病的发生,不用患病公鸡的精液。

⑥公鸡的品种、个体、年龄、季节和饲养管理因素都对精液品质有很大影响。

(三)输　精

1. 输精方法　输精方法有多种,现仅介绍二人操作(一人翻肛,一人输精)的母鸡阴道口外翻输精法。

拉开笼门，右手伸进母鸡笼，抓住母鸡双脚拖到笼外，将母鸡腹部抵在笼门下边铁丝上。左手拇指与食指分开呈“八”字形，其余三指收拢内握，食指紧贴在肛门上方与尾椎之间，拇指紧贴母鸡左下腹部，食指与拇指同时同力（拇指向内压）。如此，绝大多数产蛋母鸡泄殖腔即可外翻并见到直肠开口左侧的呈淡红色、湿润、多为圆形的外翻阴道口。

在翻肛人员翻出阴道口后，输精人员将吸有精液的微量吸液器吸嘴，垂直于阴道口平面，从阴道口正中尽量不擦带到侧壁，轻轻插入阴道，深至1.5～2厘米，压出全部精液，然后吸嘴贴阴道上壁慢慢抽出。输精时应注意，插吸嘴动作要轻，不要硬插，防止损伤阴道；压出精液后不要迅速放松压钮，以免回吸精液；吸嘴不要贴下壁抽出，否则易引起精液外流。

在输精员压出精液的同时，翻肛人员左手的左侧四指配合压精及抽出应慢慢放松，使阴道口逐渐收缩复原，防止不必要的压力使精液倒流入泄殖腔，直至全部抽出吸嘴时，翻肛员左、右手全部放开母鸡，完成整个输精过程。

对极少数腹脂太多、患有泄殖腔炎症、腹泻的母鸡，初学者常会感到翻肛和输精都困难。这些鸡翻肛时，除严格按上面介绍的方法操作外，还应加大左手拇指的压力。输精人员输精时常将吸嘴插入泄殖腔与外翻阴道形成的皱褶里，此时可明显感到插入受阻，不能到位，即使勉强插进，压出的精液也多数没有进入阴道。这时，重新翻肛或应用吸嘴轻轻拨开左上壁的阴道口，向左下方插进吸嘴，常可成功。

在输精过程中，翻肛与输精人员应互相协调，共同摸索并总结规律，认真对待每一次操作，以尽可能提高受精率。

2. 输精量 也称输精剂量，即每次人工输给母鸡的精液量。输精量与受精率密切相关，生产中现采现用原精液输精，每次输入0.03～0.05毫升，有效精子1.0亿个以上为宜。为确保受精所需精子数，首次输精应增加 2～3 倍精液量。此外应注意，在母鸡繁殖力下降的同时，公鸡繁殖力也在下降。繁殖中期到末期，随供精公鸡年龄增大要适当增加输精量，才能保持种蛋有较高的受精率。

3. 输精时间　据不少材料报道，在硬壳鸡蛋产出前输精，蛋的受精率较低。产蛋后 3 小时内输精，受精率还不理想。产蛋 3 小时后输精，受精率较高。输精时间对蛋受精率的影响主要取决于蛋的排出规律。试验也证实，受精率低的输精时间与每天产蛋高峰时间一致。生产上，输精一般安排在下午 2 时以后，有可能的话，最好安排在下午 4 时以后，此时大部分鸡都已产过当天蛋。对在输精前后产蛋的母鸡，应在输精结束时再补输。

4. 输精间隔　输精间隔就是前后两次输精的间隔天数，鸡的输精间隔时间因品种、精液品质及每次输精剂量的不同而异。据实践，用 30～50 微升新鲜精液输精，5～6 天的输精间隔对工作安排、受精率都很好。最佳的输精间隔为 5 天，受精率可达 94%以上。

为确保受精率高，对第一次输精的母鸡，需在次日重复 1 次，这样在第一次输精后 48 小时即可留用种蛋。

5. 精液保存　对精子代谢旺盛、未经稀释的新鲜精液在 20℃～25℃条件下，30 分钟就会使受精率下降。刚采到的精液要立即置于 30℃～35℃环境保存，并应在 25～30 分钟用完。输精速度越快，精子在外界停留的时间越短，活力就越好，受精率越高。

（四）影响鸡人工授精受精率的因素

影响鸡人工授精受精率的因素很多，人工授精技术、一切不科学的饲养管理措施、鸡群健康状况及自然环境的变化等都能导致受精率的降低，现主要归纳为以下几点：

第一，工作人员的工作态度及技术熟练程度，是影响受精率的重要因素，生产上经常存在不负责、不按操作规程办事而引起受精率下降的情况。

第二，鸡群的任何健康问题都会影响受精率，特别要注意传染性及营养代谢性疾病。疾病的隐性感染及亚临床阶段是影响受精率的开始，应密切注视鸡群的健康状况。

第三，不良的精液品质必然要产生受精率问题，因而要经常进行精液品质检查，以确保所用的精液品质良好。

第四，采、输精过程的问题影响受精率，常见的有：精液从采集到输完时间太长；翻肛与输精动作不协调，没有真正输入阴道。

第五，母鸡自身的问题而引起受精率下降，表现较多的有：泄殖腔炎、输卵管炎等疾病，换羽，过肥等因素。

第六，人工授精用具的清洗消毒不彻底；不用蒸馏水煮沸，水中的矿物质沉淀于杯壁或集精杯消毒后不烘干损伤精子而影响受精率。

第七，其他如输精时间、间隔及输精量；刚开产鸡群，开产与不开产未做明显的区别标志，有漏输现象存在等而影响受精率。

第六章　蛋鸡人工孵化

第一节　蛋鸡孵化场的建筑要求

孵化场为蛋种鸡场不可缺少的一部分，它的设计与建筑应包括以下几部分：种蛋贮放室、种蛋分级装箱室、孵化室、出雏室、雏鸡分级存放室、雌雄鉴别室以及其他日常管理上所必需的房室。

一、孵化场位置

选择在交通便利，离生活区、鸡场较远的位置。孵化场与鸡舍至少应相隔 200 米，即使这样的距离，也不能确保不发生偶然来自鸡舍的病原微生物横向传播。孵化场应为一隔离的单元，有其单独使用的出入口，既便于种蛋运进入库，又要方便种雏运出，同时要防止鸡场人员和外来人员及车辆造成的交叉感染。

二、孵化场的工艺流程

孵化场的建筑设计，应使入孵种蛋由一端进入，出壳雏鸡则从另一端出去。也就是说，孵化厂内种蛋和雏鸡的流向，应是按整个孵化过程的需要毗邻排列，不能逆向，以便各室之间更好地相互隔离，减少人来人往。种蛋进入孵化场后流程为：

熏蒸→分级→码盘→保存→预热→孵化→出雏→鉴别→装盒→发运

三、孵化场的建筑

孵化场应科学设计，精心建筑。由专业建筑师绘制图纸，列出技术规格。由于要经常进行清洗和消毒，墙壁表面应覆以光滑、坚硬和不吸水的材料。天花板以防水压制木板或金属板为最佳，以防止因湿度高而腐烂。地面结构必须用混凝土浇成，且表面平滑。因为地面几乎天天要冲洗，因而要求有一定的坡度。洗涤室因为有大量碎蛋壳和从孵化盘中清出的其他废物，故需要设置特别的地面排水沟和阴井。

四、孵化场的必备设备

孵化场的主要设备是孵化机和出雏机。良好的设备对于充分发挥蛋鸡种蛋的孵化潜力、提高孵化场的经济效益具有重要作用。对于孵化机的选择，首先要考虑与整个鸡场的种蛋生产量相匹配的机型。目前孵化机厂家众多，产品质量也良莠不齐，应选择经国家、省、市级鉴定推广的名优产品，切勿选择粗制滥造、存在严重质量问题的产品，否则将会在孵化生产过程中带来许多麻烦。

孵化场还需同时配备以下设备：手提照蛋器或整盘照蛋器、照蛋和落盘工作台、连续注射器、吸尘器、蛋库用空调器、高压冲洗机、雌雄鉴别台、断喙器等。孵化场要有备用发电机组，以备停电后能正常供电。

供暖、通风换气、制冷应根据不同工艺要求设计和安装相应设备。为达到理想的孵化效果，孵化室内的室温一般要求在20℃～26℃，空气相对湿度在50％～60％。孵化器出风口应有专门的排气管道，及时排出孵化机内的二氧化碳，确保胚胎的正常发育。

种蛋的保存必须具备一个空调蛋库，种蛋贮存的理想温度为

13℃～18℃，贮存时间较长时，贮存温度应降低；反之，则相反。空气相对湿度应控制在75%～80%，可防止种蛋在贮存过程中失水过多而影响孵化率。

雏禽的运输，最好有专用车辆，车内可送热风或安装空调机以及雏盒架。大型专用运雏车车厢是双层结构，底层有漏空板，车厢顶部和两侧安装通风口或通风帽，一次可装2万～6万只雏鸡。在没有专用车辆时，可用普通客车或带篷的货车。用货车运输时，要在车厢内垫10厘米左右厚的稻草或旧棉被等，以便保温和缓冲震动。

第二节　种蛋的管理

要提高蛋鸡种蛋的孵化率和健雏率，保证种蛋的质量是前提和基础，种蛋品质的好坏直接影响孵化效果和雏鸡质量。因此，必须采取各种技术措施来保证种蛋的质量。

一、种蛋的收集

蛋产出母体后，在自然环境中很容易被细菌、病毒污染。刚产出的种蛋细菌数为100～300个，15分钟后为500～600个，1小时后达到4 000～5 000个。有些细菌是通过蛋壳上的气孔进入蛋内。每天产出的蛋都应及时收集，不能留在产蛋箱中过夜，否则会降低孵化率。

每日在产蛋箱中收集种蛋不应少于4次。在气温过高或过低时则每天集蛋5～6次，勤收集种蛋可降低种蛋在产蛋箱中的破损并有助于保持种蛋的质量。收集到的种蛋应及时剔除破损、畸形、脏污蛋等，合格种蛋则立即放入种鸡舍配备的消毒柜中，用福尔马林密闭熏蒸30分钟，然后用送蛋车(图6-1)送入蛋库保存。

图 6-1　送 蛋 车

二、种蛋选择标准

健康、优良的蛋种鸡所产的种蛋并非 100%都合格，还必须严格选择，选择的原则是首先注重种蛋的来源，其次要对外形进行表观选择。

（一）种蛋来源

种蛋应来自生产性能好、无白痢和支原体等经蛋传播的疾病、受精率高、管理良好的鸡场。受精率在 80%以下、患有严重传染病或患病初愈以及有慢性病的种鸡所产的蛋，均不能用作孵化场种蛋来孵化苗鸡。

（二）种蛋的外观选择

1. 蛋形　椭圆形的蛋孵化最好，过长过瘦的或完全呈圆形的蛋都不能很好孵化。

2. 蛋重　品种不同，对蛋重大小的要求不一，蛋重过大或过小都会影响孵化率和雏鸡质量。一般要求种蛋重在 55～65 克。

3. 蛋壳颜色　壳色应符合品种要求，尽量一致。

4. 清洁度　合格种蛋的蛋壳上，不应有粪便或破蛋液污染。用脏蛋入孵，不仅本身孵化率很低，而且可污染孵化器以及孵化器内的正常胚蛋，增加臭蛋和死胚蛋，导致孵化率降低、健雏率下降，并影响雏鸡成活率和生长速度。

5. 蛋壳厚度　蛋壳过厚的钢皮蛋、过薄的沙皮蛋以及薄厚不均的皱纹蛋，都不宜用来孵化。

三、种蛋保存的条件

根据种蛋的物理特性，将种母鸡的生产周期划分为 3 个时期，即产蛋前期、产蛋中期和产蛋后期。依产蛋期不同采取不同的贮存条件，才能充分发挥蛋鸡种蛋的孵化潜力。

(一)产蛋前期

种母鸡刚开产或开产不久，蛋型较小，但钙的摄入量在产蛋率 45%～55%时即达到高峰。因此，该时期蛋壳厚、色素沉积较深，且有质地较好的胶护膜，但此阶段的蛋白浓稠，不易被降解。种蛋在孵化期间表现为早期死胎率高，雏鸡质量差，孵化时间相对较长，晚期胚胎啄壳后而无法出雏的比例高。对于此阶段产的种蛋要设法改变蛋白浓度，使之变稀，不加湿孵化可以降低早期死胎率。此阶段的种蛋能贮存较长时间，较长时间的贮存能改进孵化率，若只贮存 1～3 天，则贮存的湿度要降低，不要超过 50%。

(二)产蛋中期

该产蛋期内，蛋壳厚度、胶护膜以及蛋白质量为最佳，孵化时间基本上也为 20.5～21 天。对于此阶段的种蛋,贮存期 1 周以内的种蛋,在温度为 18℃、空气相对湿度为 75%的贮存条件下较为合适。贮存期超过 1 周的种蛋,则须降低贮存温度、提高湿度,才能收到良好的效果。

(三)产蛋后期

与前期和中期相比,蛋白的胶状特性已减弱,蛋壳也变薄,这时的蛋如果贮存较长时间才孵化,孵化初期就容易失水,造成早期死胎率高。产蛋后期的种蛋建议贮存时间不要超过 5 天,降低贮存温度,保持在 15℃左右,提高贮存空气相对湿度到 80%。总之,这段时间的种蛋贮存期应尽可能缩短。

(四)种蛋的消毒措施

每次捡蛋完毕,立刻在鸡舍里的消毒室或者送到孵化场消毒。种蛋入孵后,应在孵化器里进行第二次消毒。消毒方法主要有:

1. 甲醛熏蒸消毒法 每立方米空间用 42 毫升福尔马林加 21 克高锰酸钾密闭熏蒸 20 分钟,可杀死蛋壳上 95%以上的病原体。在孵化器中进行消毒时,每立方米用福尔马林 28 毫升加高锰酸钾 14 克,但应避开发育到 24～96 小时的胚蛋。

2. 过氧乙酸熏蒸消毒法 每立方米用 16%过氧乙酸 40～60 毫升加高锰酸钾 4～6 克,熏蒸 15 分钟。

3. 消毒王熏蒸消毒 用消毒王Ⅱ号按规定剂量熏蒸消毒。

4. 新洁尔灭浸泡消毒法 用含 5%的新洁尔灭原液加水 50 倍,即配成 1∶1 000 的溶液,浸泡 3 分钟,水温保持在 43℃～50℃。

5. 碘液浸泡消毒法 将种蛋浸入 1∶1 000 的碘溶液中0.5～1 分钟。浸泡 10 次后,溶液浓度下降,可延长消毒时间至 1.5 分钟或更换碘液。溶液温度保持在 43℃～50℃。

第三节　蛋鸡种蛋孵化的关键技术

蛋鸡与其他鸡种在孵化条件上有一定的共性，但又由于蛋鸡的配套系多样化，在孵化技术要求上也有其特殊性。

一、温度与孵化

（一）胚胎发育的适宜温度

温度是胚胎发育的首要条件，发育中的胚胎对外界环境温度的变化最敏感，只有在适宜的温度下，胚胎才能正常发育并按时出雏。一般情况下，孵化温度保持在37.8℃（100 ℉）左右，出雏温度在36.9℃（98.5 ℉）左右，即为胚胎的适宜温度。温度过高、过低都会影响胚胎的发育，严重时会造成胚胎死亡。一般来说，温度高，胚胎发育快，但很软弱，温度超过42℃，经2～3小时以后胚胎死亡；相反，温度太低则胚胎的生长发育迟缓，温度低至23℃，经30小时胚胎便会全部死亡。

胚胎发育时期不同，对外界温度的要求也不一样。孵化初期，胚胎物质代谢处于低级阶段，本身产热很少，因而需要较高的孵化温度；孵化中期，随着胚胎的发育，物质代谢日益增强；到了孵化末期，胚胎产生大量的体热，因而温度需适当降低。

（二）变温孵化与恒温孵化

变温孵化也称多阶段孵化，是根据不同的环境温度、孵化机型、不同类型的种蛋和不同的家禽胚龄而分别施以不同的孵化温度。一般在蛋源比较充足、一次性装满孵化机时，用变温孵化较为理想。

表 6-1　蛋鸡变温孵化施温参考方案　单位:℃(℉)

胚龄 \ 室温	5℃～10℃ (41 ℉～50 ℉)	15℃～25℃ (59 ℉～77 ℉)	28℃～33℃ (82.4 ℉～91.4 ℉)
1～6 天	38.4(101.1)	38.2(100.8)	38.0(100.4)
7～12 天	38.0(100.4)	37.8(100)	37.7(99.8)
13～18 天	37.9(100.2)	37.6(99.7)	37.4(99.3)
19～21 天	37.2(99)	36.9(98.5)	36.7(98)

从表 6-1 中可以看出,整个孵化过程分为 4 个阶段逐渐降温,故称变温孵化。

恒温孵化是指鸡胚发育过程中,1～18 天胚龄施以同一温度约在 37.8℃(100 ℉),19～21 天为 36.9℃(98.5 ℉)。在孵化器具容量较小,一次装不满需分批孵化,或者外界环境温度较高的情况下,使用恒温孵化制度较为理想。

(三)调整孵化温度的依据

1. 根据孵化器机型进行调温定温　就蛋鸡种蛋而言,用恒温孵化或者用变温孵化,其最佳施温方案只有一种,对不同的孵化器,如果同一时期种蛋在使用相同的施温方案后,每个型号的孵化箱均能获得较为理想的孵化效果,说明各机内在小气候、小环境上是一致的。

2. 依蛋鸡种鸡年龄调温　根据试验观察,并不是大蛋用温一定高,小蛋用温一定低,初产时种蛋小用温反而高于高峰期产的蛋,因为初产蛋壳较厚,温度较难传导,加之初产蛋小,含脂率不如中期或后期的蛋高,胚胎自温较低,因而用温较高。

3. 根据胚胎发育长相进行调温,即看胎施温　看胎施温即按照禽胚发育的自然规律,画出逐日胚龄的标准"蛋相",然后根据胚胎各胚龄的发育长相与“标准特征”的差距来调节孵化温度，一般通过几个批次的仔细看胎，就可制定出适合一定机型、某一品种、在一定室温条件下的最佳施温方案。

在实际孵化过程中，胚胎发育并不是在同一个水平，每个蛋存在着个体差异，发育有快有慢，老龄鸡种蛋的胚胎发育往往表现为快中慢“三代珠”，差异较为明显；产蛋高峰期的胚胎发育较为整齐，差异较小。因此，在平时看胎过程中必须掌握一些看胎的基本原则，即按70%胚蛋的整体情况进行判断，如果70%胚胎符合当时胚龄的蛋相标准，20%左右稍快，10%左右发育偏慢，则认为定温是适当的；如果20%以上胚胎发育过快，且死胎率较高，胚胎血管受热充血，则表明用温偏高，注意适当降温；如果不足70%的胚胎达到标准，说明温度偏低，应适当加温或维持原温，直到达到要求为止。

看胎施温，并不是要求每天都去看，一是频繁打开孵化箱门，放掉一部分温度，不利于胚胎的正常发育；二是胚胎发育是一个连续过程，临近日龄之间胚胎长相的差异不都是很明显的，初学者不易掌握。因此，在整个孵化期要抓住第五天“起眼期”或称“单珠”、第十天“合拢期”、第十七天“封门期”这3个关键时期，并根据这3个时期的胚胎发育特征与实际发育的状况进行调节温度，就能达到看胎施温的要求。

4. 根据种蛋孵化的季节变化调节温度　由于绝大部分孵化场的孵化室、出雏室没有空调装置，不能调节室温使孵化室的室温常年保持在25℃左右，往往冬天室温低，盛夏室温高，必然会影响孵化机内的温度。因此，在定温时，应当根据季节变化的温差适时调节。一般而言，冬天室温低，定温时要在原施温方案上提高0.2℃左右；夏季室温较高，定温时则降0.2℃～0.4℃。

除根据以上几种情况进行定温和调节温度外，还应结合种蛋贮存时间的长短、种蛋保存的温度、孵化箱实际孵化蛋量的多少、本地区停电时间的长短等因素综合考虑。

二、通风与孵化

选择适当的通风换气量，也是促进胚胎正常发育、提高孵化率的重要措施。为了保持鸡胚胎正常的气体代谢，就必须供给新鲜的空气。在孵化过程中空气给氧量每下降1%，则孵化率下降5%。大气中含氧量一般保持在21%左右，是胚胎发育的最佳含氧量。孵化机内空气越新鲜，越有利于胚胎的正常发育，出雏率也越高。但过大的通风换气量不仅使热能大量散失，增加了孵化成本，而且使机内水汽也大量散失，使胚胎失水过多，影响胚胎的正常代谢。

孵化过程中，胚胎除了与外界进行气体交换外，还不断与外界进行热能交换。胚胎产热是随着胚龄的增加而增加的，尤其是孵化后期胚胎新陈代谢更旺盛，入孵后19天是第四天的230倍。如果热量散不出去，孵化器内积温过高，就会严重阻碍胚胎正常发育以至引起胚胎的死亡。所以，通风换气，其作用不仅只供给胚胎发育所需的氧气和排出二氧化碳，还具有排除余热使孵化器内温度保持均匀的功能。

三、翻蛋与孵化

(一)翻蛋的作用

翻蛋可避免鸡胚胎与蛋壳膜粘连，并使鸡胚各部受热均匀，有利于胚胎发育的整齐一致。翻蛋还有助于胚胎运动，保持胎位正常。孵化前2周的翻蛋非常重要，对孵化效果影响很大。

(二)翻蛋次数

如果孵化器各个部位温差较小，每3小时翻1次蛋就足够了；

如果孵化机温差较大，就要增加到 2 小时甚至 1 小时翻蛋 1 次，此外还要注意倒盘、调架。

（三）翻蛋角度

翻蛋角度以 90°为宜，即每次翻水平位置的左或右的 45°，下次则翻向另一侧。

四、湿度与孵化

当温度偏高、胚蛋减重增大时，增加湿度可以起到降温和减少失重的作用。当温度偏低时，胚胎失重减少，增加湿度则没有好处，这时不但推迟出壳，还会造成胚胎失水过少，增加大肚脐弱雏的比率。

加湿与不加湿孵化都是相对的。当种蛋保存时间过长，胶护膜被破坏及老龄鸡所产种蛋蛋壳相对较薄时，在孵化过程中，增加湿度可以减少胚蛋的水分过快散失，对维持正常的代谢有重要的作用；反之，当保存期仅有 3 天左右的新鲜种蛋及青年种鸡所产蛋壳相对较厚的种蛋入孵时，加湿孵化反而会阻碍其胚蛋内的水分蒸发，影响其正常的物质代谢，从而影响出雏。

五、孵化过程中的技术管理

技术管理包括入孵前的种蛋码盘分类、种蛋预温；孵化过程中的温度和湿度的调节、风门的调控、翻蛋时间的掌握以及照蛋、落盘、出雏和出雏后的苗鸡管理等。只有加强孵化过程中的技术管理，才能保证种蛋孵化条件的精确控制，才能对孵化期间出现的一些问题准确诊断，及时采取有效措施，以保证孵化正常进行和苗鸡的质量。

(一)入孵前的管理

1. 码盘　将经挑选后合格的种蛋码在孵化蛋盘上并将其放在蛋架上称之为码盘。码盘时要注意对不同代次(父母代、商品代)、不同品种的种蛋做好明显标记,贮存较长时间的种蛋应按一定的时间段进行分类,在同一个贮存时间段的种蛋尽量装在同一辆蛋架车上,以便能够对贮存较长时间的种蛋按孵化期的不同,分批提前入孵,目的是在出雏时尽可能获得出雏的一致性,保证雏鸡的质量。

对入孵的种蛋要做到详细记录,包括入孵的品种、数量、代次、开机时间和本箱的孵化初步方案。

2. 种蛋预热　种蛋长时间贮存在蛋库的低温环境中,胚胎发育处于静止状态,种蛋预热有助于使胚胎"复苏",减少孵化器的温度和贮蛋室的温度之间的温差对幼小生命的应激。同时,在预热的过程中,可除去种蛋表面的凝结水,以便入孵后熏蒸消毒起到良好效果。通常采用的方法是将种蛋从贮蛋库推到25℃左右的孵化厅中放置6～10小时。

(二)孵化过程中的技术管理

1. 温度的调节　调节温度应首先了解3种不同温度的概念,即孵化给温、门表温度和胚蛋温度。

(1)孵化给温　也称设定温度。指固定在孵化器里的感温器件,如水银电接点的温度计所控制的温度,这是孵化技术人员人为设定的。当孵化器里温度超过设定的温度时,它能自动切断加热电源停止供温;当低于设定温度时,又接通电源,恢复加温。

(2)胚蛋温度　胚蛋发育过程中,自身所产生的热量使胚蛋温度逐渐上升,实际操作中,胚蛋温度指紧贴胚蛋表面温度计所示温度或有经验的人用眼皮测得的温度。

(3)门表温度　指固定在孵化器门上观察窗里的温度计所示

的温度，也是值班人员记录的温度。

以上3种温度是有区别的，但只要孵化器设计合理，温差不大，孵化室环境温度适宜，则门表温度可视为孵化给温。

孵化器的控温系统，在入孵后到达设定温度后，一般不要随意变动。照蛋、停电或维修引起的机温下降，一般不需要调节控制系统，过一段时间它将自动恢复正常。在正常情况下机温偏低或偏高0.2℃～0.4℃时，要及时调整，并要观察调整后的温度变化。

2. 通风的调节　当恒温时间过长时，说明机内胚胎代谢热过剩，加热系统不需要加热，如不及时降温可能会导致胚胎“自温”超温。因此，当发现恒温时间过长时，就应该打开风门，必要时开启孵化器门来加强通风。

当温度计显示的温度维持的时间与机器加热的时间交替进行时，说明孵化机内通风基本正常。加热系统工作时间过长，门表温度达不到设定温度，说明新鲜冷空气进入机内太多或排气量过大，需要调小风门。

3. 照蛋　照蛋是检查胚胎发育的重要方法之一。在整个孵化期，除第一次照蛋（图6-2）是剔除无精蛋和早期死胎外，平时还要定期抽检，检查胚胎的发育是否与发育标准相符，以便及时调整

图6-2　照　蛋

孵化温度。

4. 落盘 由于胚胎发育的18～19天是鸡胚从尿囊绒毛膜呼吸转为肺呼吸的生理变化最剧烈时期，鸡胚气体代谢较为旺盛，应激易造成胚胎死亡，因此建议落盘(图6-3)在孵化满19天时间为佳。落盘过程中，要注意提高环境温度，动作要轻、要快，减少破损蛋，并利用落盘注意调盘调架，弥补因孵化过程中胚胎受热不均而致胚胎发育不齐的影响。

图6-3 落 盘

5. 出雏及雏鸡管理 随着孵化技术的提高，如果种蛋品质好，胚胎发育整齐度好，在很短的时间里就能出雏完毕，采用一次性捡雏能提高劳动效率。

从出雏器里捡出的雏鸡，要按不同的品种、代次存放在苗鸡存放室，并贴上标签或放入卡片，以免搞混。夏季要注意雏鸡的通风，冬季要保持室内一定的温度，尽快做好苗鸡的雌雄鉴别、注射疫苗、分级装盒等工作。

第七章 蛋鸡的疾病控制

第一节 建立生物安全体系

建立生物安全体系，落实生物安全措施是鸡病防制的前提，也是最便宜、最有效的鸡病防制措施。

一、制定切实可行的防疫制度

（一）鸡场的合理规划

远离传染源，防止传染源通过各种途径污染环境，感染鸡群；场内的场地、建筑和设备便于清扫、清洗和消毒，保持良好的卫生环境。防止外面的禽类、鸟类、鼠和其他动物进入鸡场。

（二）人员控制

鸡场设置供工作人员出入的通道，并配置专用清洗和消毒设施，控制人员流动，尽可能减少不同功能区的工作人员的交叉现象的发生。杜绝一切外来人员的进入，尽可能谢绝参观访问。直接接触生产鸡群的工作人员应避免频繁进出鸡场，尽可能远离外界禽类，严禁带入禽肉及其他禽产品。对所有人员进行经常性的生物安全培训。

（三）鸡群控制

引进病原控制清楚的鸡群，重点检测垂直传播的病原，甚至于蛋壳传播的病原，主要针对禽白血病、鸡白痢、鸡慢性呼吸道病、禽网状内皮组织增生病、鸡产蛋下降综合征、鸡传染性贫血、鸡传染性脑脊髓炎等疾病。尽可能减少鸡群进入鸡舍前的病原携带，通过日常的饲养管理减少病原侵袭和增强鸡群抵抗力。贯彻“全进全出”的饲养方式，避免不同品种、不同日龄、不同来源的鸡群混养于一个鸡舍。做好运输和转群过程中的隔离，防止操作中的污染和感染。

(四)饲料、饮用水控制

提供来源安全的充足全价营养饲料和合格的饮用水，加强饲料和饮用水的检测，防止饲料营养缺乏和饮用水不卫生等原因引发的疾病，防止病原通过饲料和饮用水进入鸡舍，污染环境，感染鸡群。

(五)其他控制

引进注明 SPF 级和质量好的疫苗及其他生物制品，杜绝病原体污染疫苗而间接感染鸡群。加强种蛋控制，勤集蛋，做好蛋箱、蛋托和蛋库的消毒，避免病原体污染鸡蛋。

二、建立日常消毒程序

消毒是指清除或杀灭环境中的病原微生物及其他有害病原体(如球虫、虫卵等)，为鸡群提供一个良好的卫生环境，是切断疫病传播途径的重要环节。

(一)消毒措施

养鸡场大门口要设置消毒池(池宽同大门、长为机动车车轮一周半以上)，内放适宜的消毒液，1～3 天更换 1 次，一切车辆须经消毒池方可进入鸡场。进场前一切人员皆要在侧门消毒室更衣、换鞋，并经喷雾消毒。鸡舍门口设消毒池，工作人员必须通过消毒池进入鸡舍或工作间，严禁相互串栋。每天打扫鸡舍，保持料槽、饮水器和水箱的清洁卫生。

（二）鸡舍的清洗和消毒

“全进全出”生产方式的鸡场，在鸡舍排空时期和日常饲养管理过程中，要保持环境卫生，包括选用广谱消毒剂或根据特定的病原体选用对其作用最强的消毒剂，对鸡舍或鸡群进行消毒。

1. 清舍和清洗　当一批鸡转出鸡舍后，应及时进行清舍，首先需要清除鸡粪，再清扫屋顶、墙壁、棚架、垫网、鸡笼、料槽、饮水设备、抽风设备及地面等，粪便及羽毛一定要彻底清扫干净，然后用高压水枪将其冲洗干净。

2. 消毒　鸡舍和周围环境用不同消毒剂交叉消毒 2～3 次，再用清水冲洗鸡舍和设备。

3. 器具消毒　与鸡群接触及饲养员所用的各种器具（如蛋箱、蛋盘、出雏盘、孵化器械、料槽、饮水器、内部运输工具等）可用清水冲洗后，再用消毒药浸泡、喷洒、冲洗，然后清水冲洗。

4. 熏蒸消毒　检查和维修鸡舍内所有设备可正常运转后，将鸡舍门窗封闭，用高锰酸钾、福尔马林熏蒸 12 小时以上，再打开门窗通风，并清理熏蒸物。

5. 饮水消毒和带鸡消毒　用适宜的消毒剂、适当浓度作饮水消毒和带鸡消毒，前者每周 1～2 次，后者每天 1 次，且喷出雾滴很细，使饮水、鸡舍、笼具、饲养场地、周围环境和工具的病原体含量降低，可有效减少鸡群感染的机会。但饮水消毒和带鸡消毒要避开疫苗免疫接种。

（三）其他清洗和消毒

承运苗鸡、种蛋的工具，销售鸡、禽、蛋及其他禽产品的车辆和工具必须进行清洗和消毒。孵化厅、种蛋必须进行清扫、清洗和消毒，防止鸡群早期感染。鸡场内非生产场所及环境也应进行适当消毒，防止病原体污染鸡场。

（四）粪便、废弃物及污水的处理

粪便、垫料、污水、动物尸体以及其他废弃物被病原污染最严重，是主要传染来源，是疾病传播中最重要的控制对象，必须进行无害化处理。鸡的粪便和垫料必须在固定地点进行堆积发酵，死鸡必须焚烧或深埋，污水和其他废弃物必须进行适当处理，防止污染环境，造成疫病的发生和流行，危害公共卫生。

三、检测与检疫

工作人员应定期进行健康检查，严禁患有人畜共患传染性疾病的人从事养鸡生产。加强进入鸡场的鸡、种蛋、疫苗等物品的检疫，防止其携带病原进入鸡场。做好鸡群的日常观察，对鸡群定期进行健康状况检查及抗体检测；同时，做好鸡群支原体感染、鸡白痢等垂直传播性疾病的净化，淘汰阳性鸡，降低鸡群的感染率。有条件或有必要的情况下，应对环境和物品清洗、消毒的质量进行检测，检验消毒效果。

第二节　合理免疫

鸡群免疫技术是养鸡场采取的主动措施，目的在于鸡体内建立坚强的抵抗力，防止疾病发生和流行。免疫接种是鸡的传染性疾病（包括部分寄生虫病）重要的防制措施，在控制多数传染性疾病，尤其是病毒性传染病的发生和流行过程中起关键性作用，但是免疫只能控制疫病的发生和流行，免疫接种无法阻止病原扩散和传播，更无法消灭疫病。

鸡的免疫接种分为 2 种：一种是在经常发生某些传染病的地

区,或者某些传染病潜在的地区,或经常受到邻近地区某些传染病威胁的地区,平时有计划地给健康鸡群进行的预防性免疫接种(即预防接种);另一种是在某种传染病发生时,为了控制和扑灭疫病的流行,而对疫区和受威胁区尚未发病的鸡群进行的应急性免疫接种(即紧急接种)。紧急接种如果是在疫病的潜伏期内进行,有时可能产生严重的后果。

一、疫苗接种方法

疫苗接种方法可分为群体接种法和个体接种法 2 种,前者包括饮水法、拌料法和气雾法,后者包括注射、刺种、点眼、滴鼻和滴口等。不同的疫苗、菌苗或虫苗,对接种方法有不同的要求,对于灭活苗一般只能使用注射法,而活疫苗可采用多种方法。养鸡生产常用的接种方法有:

(一)注 射 法

主要是肌内注射和皮下注射(图 7-1),适用于弱毒疫苗、灭活苗和类毒素,这是最常用的接种方法。肌内注射法的部位在胸肌

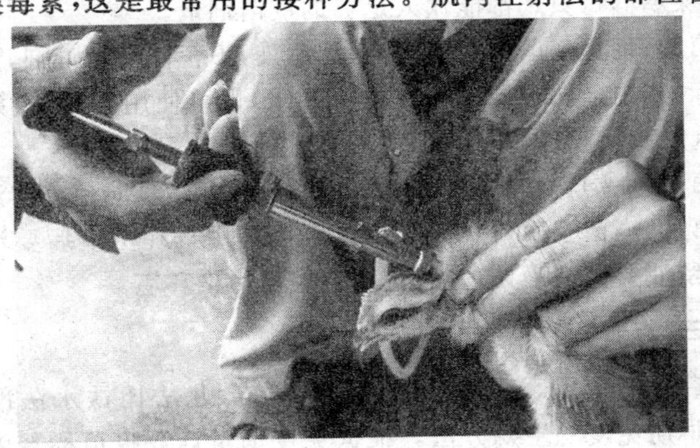

图 7-1 颈部皮下注射

和大腿肌，皮下注射法的部位是在颈背部。雏鸡多采用皮下注射，成年鸡多采用肌内注射。采用连续注射器注射时要不断摇动疫苗瓶，使其均匀。注射器具要预先消毒，尤其是针头要消毒并准备充足。注射时要适当更换针头，至少每 100 只鸡要更换 1 根针头，减少因针头污染而传播疫病的范围，弱鸡和病鸡最后注射。注射法产生作用快，效果确实，但劳动量大，对鸡群造成的应激大。

（二）饮 水 法

本法为弱毒疫苗最常使用的方法之一，适用于大型集约化鸡场。此法应激小，安全性好，方法简单，节省人力。使用此法应注意：

第一，此方法可能造成疫苗损失大，饮水不均可使免疫整齐度不好，为确保每只鸡都能获得安全的剂量，疫苗剂量要适当放大 2～3 倍。

第二，饮水免疫的设施要清洁、充足、分布合理，使每只鸡都能充分饮水，不能使用金属容器。

第三，疫苗使用之前鸡群要适当断水 3～6 小时（具体时间要根据鸡群状态和舍温而定），疫苗稀释用水量要使鸡群 1 小时内饮完，确保鸡群每只鸡都能饮入足够的疫苗剂量。

第四，稀释疫苗用水要清洁、无污染，不含任何消毒剂，重金属不超标，禁用金属容器。最好是凉开水，也可使用井水，最好在水中加入脱脂奶粉（2～2.5 克/升）。

第五，在饲料和饮用水中加入多种维生素，预防免疫应激。

第六，疫苗空瓶、稀释容器、饮水器等用具在免疫后要清洗消毒，残留液要做适当处理，避免疫苗毒株污染环境。

（三）点眼、滴鼻

点眼（图 7-2）、滴鼻适用于弱毒疫苗，此法比饮水法准确可靠，是早期免疫的主要方法。根据免疫剂量计算疫苗稀释液用量（普通滴管每毫升约 20 滴，滴瓶每毫升 30～35 滴），如无专用稀释液，可用生理盐水或纯净水代替。向鸡眼内或鼻孔滴入1～2滴（每只鸡要相同），待鸡将疫苗吸入后再放鸡，否则疫苗会被鸡甩头时甩出来，吸收较少，影响免疫效果。这种通过呼吸道黏膜或眼结膜的免疫方法，有利于机体产生局部免疫。

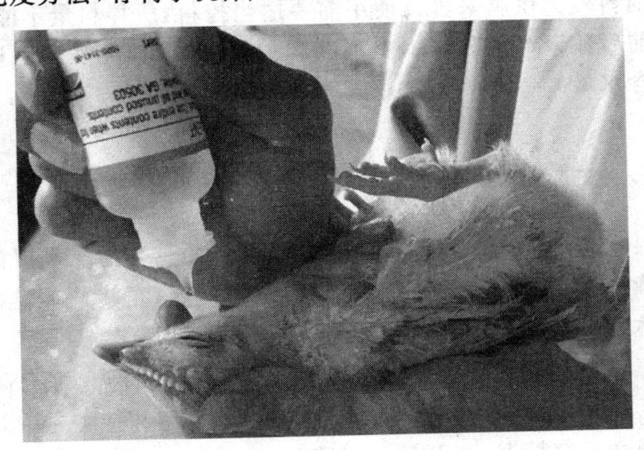

图7-2　点　眼

(四)气雾法

适用于弱毒疫苗，简便、快速，比饮水免疫效果好。它不仅可以产生较好的循环抗体，而且可以产生局部免疫，有利于抵抗自然感染。将弱毒苗稀释后用适当粒度（40～60微米）的气雾枪或喷雾器喷雾，喷洒距离为30～40厘米，鸡舍密闭20～30分钟，可使大群鸡只吸入疫苗，获得免疫。气雾免疫易激发呼吸道感染，尤其会诱发慢性呼吸道疾病，因此有支原体感染的鸡群禁用喷雾免疫。

(五)刺种法

本法主要用于鸡痘、脑脊髓炎疫苗接种。按规定剂量稀释疫苗后，用刺种针在鸡的翼膜处穿刺，疫苗病毒在穿刺部位的皮肤上增殖(产生水疱,结痂脱落),产生免疫力。

(六)拌料法

本法主要用于球虫疫苗接种,将球虫疫苗适当稀释后拌料或喷于饲料表面供鸡采食。使用前要适当控料,所拌料量不能太多,免疫前后数天饲料和饮水中不能添加抗球虫药,免疫后保证垫料适宜含水量。

二、制定符合本场需要的免疫程序

科学合理的免疫程序应该根据本鸡场的具体情况来拟订。其主要依据有:①对免疫前的鸡只进行抗体监测,尤其是对雏鸡的母源抗体水平的测定,充分了解鸡群的真实免疫状态。②了解鸡群的健康状况。③养鸡场的规模、饲养方式、生产特点、综合防制水平。④鸡的日龄和个体大小,疫苗的品种、类型和接种方法。⑤饲养管理和天气情况,避开转群、断喙、天气炎热等应激因素。⑥本地和周围环境及疫病流行情况。⑦免疫监测:在免疫接种疫苗后,还应进行免疫监测,以确定免疫效果,检验免疫程序是否科学合理,尤其是大型集约化养鸡场,必须进行定期的免疫监测,不仅可以检测免疫效果,而且为是否需要再次进行全群免疫接种提供依据,确保生产安全(表 7-1)。

表 7-1 蛋鸡常用免疫程序

日龄	免疫项目	毒株	剂量	接种方式	备注
1	马立克氏病	CVI 988	1 羽份	颈部皮下注射	孵化厂
8	新支二联活苗	H_{120}	1.5 羽份	点眼、滴鼻	推荐剂量为国产疫苗,下同

续表 7-1

日龄	免疫项目	毒株	剂量	接种方式	备注
10	新支法三联油苗	灭活苗	0.4 毫升	颈部皮下注射	
12	法氏囊病疫苗	中等毒力活苗	1.5 羽份	滴口或饮水	
16	H_5+H_9 二联油苗	H5:Re-4,Re-5	0.4 毫升	颈部皮下注射	
21	新、支二联活苗	H_{120}	2 羽份	饮水	
24	法氏囊病疫苗	中等毒力活苗	2 羽份	饮水	
28	传喉	活苗	1 羽份	滴鼻	疫区使用
32	鸡痘	活苗	3 羽份	刺种	
35	传鼻	灭活苗	0.5 毫升	肌内注射	
45	禽流感 H_5、H_9	灭活苗	各 0.5 毫升	分侧肌内注射	或用 H_5+H_9 联苗
55	新支二联油苗	灭活苗	0.5 毫升	肌内注射	
	新、支二联活苗	H_{52}	2 羽份	饮水	
60	传喉	活苗	1 羽份	滴鼻	疫区使用
85	新城疫		3 羽份	饮水	
90	禽脑脊髓炎	活苗	1 羽份	饮水	
105	鸡痘	活苗	3 羽份	刺种	
	传鼻	灭活苗	0.5 毫升	肌内注射	
120	新支二联活苗	H_{52}	2 羽份	饮水	
	新支减三联油苗	灭活苗	0.5 毫升	肌内注射	
126	禽流感 H_5、H_9	灭活苗	各 0.5 毫升	分侧肌内注射	

注：根据抗体监测结果，每 4～6 周饮水免疫 1 次新城疫活疫苗。

在制定免疫程序时，还应该考虑到鸡的 3 个年龄阶段：①育雏期：受高水平母源抗体的保护，谨慎选择首免日龄。②育成期：受主动获得性免疫力的保护，其抗体水平的消长与很多因素有关。③产蛋期：为了避免产蛋高峰期免疫给产蛋造成影响，产蛋之前的免疫不仅要确保整个产蛋周期鸡群受到免疫保护，而且要确保种母鸡通过种蛋传递母源抗体给后代，使之抵抗病原体的早期感染。

不同地区、不同鸡场、不同鸡群、不同品种等，其免疫程序是不同的。因此，要制定出一个完整的所有情况都适用的免疫程序是困难的。但必须遵循下列一般原则：①以达到免疫效果为目的选择疫苗品种和类型。②根据免疫状态增减免疫次数。③免疫方法要做到节省人力，并减轻鸡的应激反应。④疫苗的使用要精确、节约。

三、影响免疫效果的因素

影响疫苗免疫的因素很多，主要有：

（一）鸡群健康状态

当鸡群受到免疫抑制性的致病因子如传染性法氏囊病病毒、马立克氏病病毒、呼吸孤病毒、鸡传染性贫血病毒、腺病毒、禽网状内皮组织增生病病毒、球虫等侵袭，鸡的体液免疫或细胞免疫器官受到损害，导致免疫功能障碍，对疫苗接种的应答反应性降低，出现免疫抑制现象，造成鸡群对多种疾病的易感性增高。越是早期感染，这一表现越明显。鸡群营养水平不全面，某种营养物质（如蛋白质、维生素等）缺乏、中毒（如曲霉菌毒素等）、氨浓度高和疾病等都会影响鸡体各种激素的浓度和抗体的生成，从而导致机体免疫系统功能下降。

（二）环境因素

当鸡群所处的环境不良和受到经常性的应激（如转群、天气等）可能干扰机体的免疫器官对接种疫苗的免疫应答反应，影响免疫效果。饲养环境被强毒株或变异株污染，致病性微生物大量存在,尤其是早期的环境污染而使鸡群感染,即使接种疫苗,也会在抗体产生之前就已经被病原体侵入,或由于中和免疫抗体保护能力低,引起疫病发生和流行。

(三)病 原 体

由于生物安全体系不完善,鸡群早期感染或环境中存在强毒,或病原体的变异,导致疫病的发生或免疫效果差。

(四)疫苗因素

疫苗的生产、贮存和运输存在漏洞引起疫苗质量低劣,没有根据当地疫病流行情况对症选用疫苗毒株类型,没有根据鸡群的日龄选用适宜的疫苗,疫苗使用不当(如接种方法、稀释液及浓度、饮水免疫的水质等)易造成疫苗免疫实际效果差或免疫失败。

(五)免疫程序不当

没有根据鸡群抗体消长规律、监测结果或流行病学情况适时接种疫苗,可能因母源抗体水平高而干扰疫苗免疫,无法产生提供保护的免疫力;同时,接种多种疫苗产生干扰,影响免疫应答;或者抗体水平低、疫苗接种迟,导致在疫苗接种产生提供保护的免疫力之前就已经被病原体侵袭,造成疫病流行。

其他因素,如饲养管理不善、消毒剂使用不规范、药物的使用等多种因素都可能影响疫苗免疫效果。在饲养管理和疾病防制过程中要加以注意,避免上述因素的存在,确保免疫效果。

第三节 合理用药

一、药物基础知识

兽药是指用于预防、治疗家禽疾病,或促进生长和提高产蛋率的化学物质。

（一）禽用药物的分类与剂型

禽病防治中应用的药物种类繁多，根据其来源可分为天然药物（植物药和矿物药等）和合成药物（包括化学合成药和生物合成药）两大类。而根据药物的作用性质、应用范围，家禽常用药可分为以下几类：

1. 抗微生物药 包括抗菌药物和抗病毒药物。

(1)抗菌药物 抗菌药物是具有杀菌或抑菌作用，供全身或局部应用的各种抗生素及其他化学药品的统称。抗菌药种类繁多，其分类方法也较多，一般按抗菌谱分类可分为：

① 抗革兰氏阳性菌的药物 青霉素类、第一代头孢菌素类、大环内酯类、糖肽类、噁唑酮类。

②抗革兰氏阴性菌的药物 第三代头孢菌素类、氨基糖苷类及多肽类。

③广谱抗菌药 第二代和第四代头孢菌素类、广谱青霉素类、碳青霉烯类、喹诺酮类、四环素类、磺胺类、利福平。

④抗厌氧菌药 甲硝唑、替硝唑、奥硝唑、塞克硝唑。

⑤抗支原体或衣原体药 四环素类、大环内酯类。

⑥抗真菌药 常用抗真菌药主要有制霉菌素、两性霉素 B、灰黄霉素、克霉唑、酮康唑、咪康唑、氟康唑、伊曲康唑等。

(2)抗病毒药物 病毒是目前病原微生物中最小的一种。大多数病毒缺乏酶系统，不能单独进行新陈代谢，必须依赖宿主的酶系统才能生存繁殖。抗病毒药必须具有高度选择性地作用于细胞内病毒的代谢过程，并对宿主细胞无明显损害。穿心莲、板蓝根、大青叶、金银花、黄连等中草药组成复方制剂或提取物也具有某种抗病毒作用，如双黄连、五味消毒饮、黄芪多糖、金丝桃素等。

2. 抗寄生虫药 包括抗原虫药、驱虫药和杀虫药。

(1)抗原虫药 球虫病是一种常见的原虫病。用于防治球虫病的药物有硝苯酰胺(球痢灵)、氨丙啉、氯苯胍、氯羟吡啶(克球粉)、尼卡巴嗪、磺胺喹啉、磺胺氯吡嗪、常山酮、甲基三嗪酮(百球清)、地克珠利、乙氧酰胺苯甲酯、癸氧喹啉、海南霉素、莫能菌素、马杜霉素、盐霉素(优素精)、拉沙洛菌素,以及加了磺胺增效剂的复方抗球虫药。

抗滴虫药和抗住白细胞原虫药有二甲硝咪唑、洛硝哒唑、乙胺嘧啶。

(2)驱虫药 驱虫药有左旋咪唑、丙硫咪唑、氯硝柳胺、吡喹酮、硫双二氯酚(别丁)、槟榔等。

(3)杀虫药 螨、蜱、虱、蚤、蚊、蝇、蚋、蠓等寄生于家禽的皮肤和羽毛,夺取营养、影响生产性能、传播疾病,对家禽业危害较大。凡能杀灭上述外寄生虫的药物称之为杀虫药。常用杀虫药有氯菊酯、氯氰菊酯、溴氰菊酯、氰戊菊酯、皮蝇磷、二嗪磷(螨净)、甲基吡啶磷等。内服的杀虫药有阿维菌素和伊维菌素。

3. 消毒药 消毒药是指能迅速杀灭病原微生物的化学药物,其作用机制是使蛋白质凝固或变性、干扰微生物重要酶系统或改变细胞膜通透性。兽用消毒药的种类很多,它们的作用和临床上的应用也各不相同,根据化学分类,常用的有以下几类:

(1)酚类 苯酚(石炭酸)、煤酚(甲酚)、复合酚(菌毒净、菌毒敌)。

(2)醇类 乙醇(酒精)。

(3)醛类 甲醛(福尔马林)、多聚甲醛、戊二醛等。

(4)酸、碱类 硼酸、乳酸、醋酸(乙酸)、氢氧化钠(烧碱)、石灰(生石灰)。

(5)氧化剂 过氧化氢、高锰酸钾、过氧乙酸。

(6)卤素类 二氧化氯、漂白粉、次氯酸钠、氯胺-T(氯亚明)、二氯异氰尿酸钠(优氯净)、三氯异氰尿酸、碘、聚乙烯吡咯烷酮。

(7)表面活性剂　新洁尔灭(苯扎溴铵)、度米芬(消毒宁)、洗必泰(氯苯胍亭)、癸甲溴氨(百毒杀)

(二)禽用药物的剂型

剂型是指药物经过加工制成便于使用、保存和运输等的一种形式。兽药的剂量型按给药途径可分为胃肠道给药和非胃肠道给药两大类。前者如散剂、冲剂、丸剂、片剂和胶囊等,后者又可分为注射给药、黏膜给药(滴鼻、滴眼剂等)和呼吸道给药(气雾剂)。而根据药物形态可分为以下 4 类:

1. 液体剂型　包括溶液剂、煎剂、注射剂、乳剂等。

2. 固体剂型　包括散剂、冲剂、片剂、丸剂、胶囊等。

3. 半固体剂型　如软膏等。

4. 气体剂型　包括气雾剂、喷雾剂和烟剂。

(三)药物的作用

1. 药物作用的两重性　药物的作用是一分为二的,用药后即可产生防治疾病的有益作用,也会产生对机体有毒性的不良反应。

(1)有益作用　包括用药后取得预期疗效的治疗作用,营养性添加剂产生的营养作用,以及用药后产生的促进生长、提高产蛋率和饲料转化率的作用。

(2)不良反应　包括用药后产生的副作用、毒性反应、过敏反应和继发性反应(也称二重感染)。

2. 药物作用的规律

(1)选择性与差异性　药物进入机体后对各组织器官的作用并不一样,在适当剂量时对某一组织或器官的作用强,而对其他组织或器官的作用弱或没有作用,此即药物的选择性。差异性是指不同种属、生理状况和个体对药物的敏感度、所需剂量与治疗效果不尽相同。

(2)构效关系　药物的化学结构与药理作用之间的相互关系称为构效关系。多数药物的药理作用与其化学结构密切相关，一般左旋异构体的作用强，右旋异构体的作用弱或无作用，如左旋咪唑等。

(3)量效关系　随着剂量的增大，药物效应呈现由无到有、由弱到强、由治疗作用到出现毒性、死亡这种量变到质变的规律性变化，称为药物的量效关系。能引起药物效应的最小剂量，称最小有效量。达到最大效应的剂量，称为极量。药物的常用量就是介于最小有效量和极量之间的最适宜的防治剂量。

(4)时效关系　从给药开始到效应出现、达到高峰、逐渐减弱直至消失，都要经过一段时间，这种药理效应随时间的变化而变化的关系称时效关系。时效关系一般分为 3 个期限：潜伏期、持续期和残留期。

(四)给药方法

不同的给药途径可以影响药物的吸收速度、药效出现时间及维持时间，甚至还可以引起药物作用性质的改变。因此，应根据药物的特性和鸡的生理、病理状况选择不同的给药途径。给药方法有以下几种。

1. 群体给药法

(1)饮水给药　凡水溶性药物均可通过饮水给药，比较方便，特别适用于鸡群食欲时显降低而仍能饮水时。一般分为以下 2 种：

①自由饮水法　将药物按一定浓度加入到饮用水中混匀，供自由饮水，适用于在水中较稳定的药物。但摄入药量受气候、饮水习惯的影响较大。

②口渴饮水法　用药前让鸡群禁水一定时间(冬季 3～4 小

时，春秋季 2～3 小时，夏季 1～2 小时)，使鸡处于口渴状态，再喂以加有药物的饮水，药量以 1～2 小时饮完为宜，饮完药液后换清水。该法可减少一些在水中容易破坏或失效药物的损失，保证药效能；可取得高于自由饮水的血药浓度和组织药物浓度，较适用于严重的细菌病或支原体病的治疗。

(2)混饲给药　将药物与饲料拌匀后喂给(图 7-3)，适用于尚有食欲的鸡群。一般采取逐级混合法，即把全部药物加入到少量饲料中混匀，然后再和所需全部饲料混匀。

图 7-3　混饲给药

(3)气雾给药　是使用相应的器械，使药物雾化，分散形成一定直径的微粒，弥散到空间中，通过呼吸道吸入体内的一种给药方法。特别适合于治疗呼吸道病，也适用于细菌病。使用时要注意以下几点：

①选择适宜的药物　应选择对呼吸道无刺激性，且能溶解于呼吸道分泌物中的药物，否则不宜使用。

②掌握气雾用药的剂量　一般以每立方米空间多少克或毫克药物来表示。为准确计算药量，应先计算鸡舍的体积，再计算出总的用药量。

③严格控制雾粒大小　微粒愈细，越易吸入呼吸道深部，但又易被呼气气流排出；微粒较大则不易到达肺部。雾粒宜控制在40微米以下。如用于治疗深部呼吸道或全身性感染，雾粒宜控制在10微米以内。

(4)带鸡消毒　为控制传染病的流行，集约化鸡场应定期进行带鸡消毒。带鸡消毒应选择毒性低、刺激小、无腐蚀性的消毒剂，并使用专用的喷雾器，在禽舍消毒的同时，还将药液喷洒到鸡体上，进行鸡体消毒。这样，既可杀灭病原体，又能减少尘埃、吸附氨气、防暑降温和预防呼吸道病。带鸡消毒次数因气温而定，高温时可每日1次，冬季也不少于每周1次。喷洒量以每立方米15～20毫升为宜。雾粒不能太小，应控制在50微米以上，以80～120微米为宜。

2. 个体给药法

(1)内服给药　是将药物直接放(滴)入口腔吞咽的给药方法。亦可将连接注射器的胶管插入食道后注入药液。嗉囊注入药液属广义的内服给药。

(2)注射给药　注射用具必须经煮沸或高压灭菌消毒，或用一次性注射器。

①皮下注射　将药液注入颈部、腿部、胸部等皮下。适用于刺激性较小的药物。

②肌内注射　将药液注入肌肉(胸肌、大腿外侧等)，多选择肌肉丰满的部位。适于药量少、无刺激性或刺激性较小的药物。

③静脉注射　通常鸡的静脉注射部位选择翅下静脉。适用于药量大、刺激性强的药物。多用于急性严重病例的急救。注射前将注射器内的空气排净，以防猝死。

④腹腔注射　注射部位在腹部。适用于剂量较大和不宜做静脉注射的药物。

（五）抗菌药的配伍

为了获得更好的治疗效果或减轻药物的毒副作用，常常几种药物并用。有些药物配在一起时疗效增强，但是有些药物配在一起时，可能产生沉淀、结块、变色，甚至失效或产生毒性等后果，因而不宜配合应用。凡不宜配合应用的情况称配伍禁忌。常用药物的配伍结果见表7-2。

表7-2　常用药物的配伍结果表

类别	常用药物	配伍药物	结果	备注
青霉素类	青霉素钠（钾） 氨苄西林 阿莫西林 海他西林	氨基糖类、多黏菌素类、喹诺酮类	协同	与氨基糖苷类（除链霉素外）联用均应分开给药
		四环素类、大环内酯类、磺胺类	无关或拮抗	
		茶碱类、维生素C、多聚磷酸酯	沉淀或失效	
头孢菌素类	头孢噻吩钠 头孢氨苄 头孢羟氨苄 头孢拉定 头孢噻呋	氨基糖苷类、多黏菌素类、喹诺酮类、洁霉素类	协同	与氨基糖苷类（除链霉素外）、多黏菌素类联用应分开给药并控制用量
		四环素类、大环内酯类、磺胺类	无关或拮抗	
		茶碱类、维生素C、多聚磷酸酯	沉淀或失效	

续表 7-2

类别	常用药物	配伍药物	结果	备注
氨基糖苷类	新霉素 庆大霉素 卡那霉素 阿米卡星 链霉素 安普霉素 壮观霉素	青霉素类、头孢菌素类、四环素类、大环内酯类、喹诺酮类、磺胺类、洁霉素类、TMP	协同或相加	与头孢菌素类、四环素类、磺胺类、洁霉素类联用应适当减少用量
		同类药物	毒性增强	联用应适当减少用量
		维生素 C	失　效	
多黏菌素类	硫酸黏杆菌素	青霉素类、头孢菌素类、四环素类、大环内酯类、磺胺类、喹诺酮类、利福平、TMP	协同或相加	与头孢菌素类、四环素类、磺胺类联用应适当减少用量
		硫酸阿托品	毒性增强	
四环素类	土霉素 盐酸多西环素（强力霉素） 金霉素	同类药物、氨基糖苷类、多黏菌素类、大环内酯类、磺胺类、TMP、泰妙菌素	协同或相加	与氨基糖苷类、多黏菌素类、同类药物、大环内酯类联用应适当减少用量
		青霉素类、头孢菌素类、喹诺酮类	拮　抗	
		茶碱类	沉淀或失效	
		含钙、镁等金属离子的药物	形成不溶性络合物	
大环内酯类	罗红霉素 硫氰酸红霉素 泰乐菌素 替米考星 阿奇霉素	氨基糖苷类、多黏菌素类、四环素类	协同或相加	与四环素类联用应适当减少用量
		青霉素类、头孢菌素类、磺胺类、喹诺酮类、洁霉素类	拮　抗	
		茶碱类	沉淀或失效	
		氯化钠、氯化钙	沉淀、游离析出	

续表 7-2

类别	常用药物	配伍药物	结果	备注
磺胺类	SMM SMZ SMD 磺胺喹噁啉钠 磺胺氯吡嗪钠	氨基糖苷类、多黏菌素类、四环素类、喹诺酮类、TMP	协同或相加	与氨基糖苷类、多黏菌素类联用应适当减少用量
		青霉素类、头孢菌素类、大环内酯类、洁霉素类	拮抗	
喹诺酮类	氟哌酸 环丙沙星 恩诺沙星 单诺沙星 培氟沙星	青霉素类、头孢菌素类、氨基糖苷类、多黏菌素类、磺胺类、洁霉素类、甲硝唑	协同或相加	
		四环素类、大环内酯类、呋喃类、利福平	拮抗	
		茶碱类	沉淀或失效	可致氨茶碱毒性反应发生
		金属阳离子药物	形成螯合物	
洁霉素类	盐酸林可霉素、克林霉素	头孢菌素类、氨基糖苷类、喹诺酮类、甲硝唑、TMP	协同或相加	与氨基糖苷类联用应适当减少用量
		青霉素类、大环内酯类、磺胺类	拮抗	
		茶碱类、维生素 C	浑浊、失效	

(六)用药误区

目前,在禽类疾病的治疗过程中,药物的应用经常存在以下几个方面的误区和不足。

1. 不注意给药的时间 无论什么药物，固定给药模式或用药习惯，不是在料前喂，就是在料后喂。

2. 不注意给药次数 不管什么药物，都是每天给药 1 次。

3. 不注意给药间隔 凡是每日 2 次给药，白天间隔时短(6～8 小时)，而晚上间隔过长(16～18 小时)。

4. 不重视给药方法 无论什么药物，不管什么疾病，一律饮水或拌料给药，自由饮水或采食。

5. 随意加大用药量或减少对水量 无论什么药物，按照厂家产品说明书，都是加倍用药。

6. 疗程不足或频繁换药 不管什么药物，无论什么疾病，见效或不见效，都是 3 天停药。

7. 不适时更换新药 许多用户用某一种药物治愈了某一种疾病，就认准这种药物，反复使用，且不改变用量，一用到底。

8. 药物选择不对症 如本来为呼吸道疾病，口服给药用肠道不宜吸收的药物(如硫酸新霉素等)。

9. 盲目搭配用药 无论什么疾病，如大肠杆菌与慢性呼吸道混合感染，不清楚药理药效，不顾配伍禁忌，多种药物胡乱搭配使用。

10. 忽视不同情况下的用药差别 如疾病状态、种别、药物酸碱性影响、水质等。

(七)合理使用药物

1. 给药时间 内服药物大多数是在胃肠道吸收的，因此，胃肠道的生理环境，尤其是 pH 值的高低、饱腹状态、胃排空速率等往往影响药物生物利用度。如林可霉素需空腹给药，采食后给药药效下降 2/3；而红霉素则需喂料中或喂料后给药，否则，易受胃酸破坏，药效下降 80%。

而有的药物需定点给药，如用氨茶碱治疗支原体、传支、传喉所致呼吸困难时，最佳用药方法是将 2 天的用量于晚间 8 时一次应用，这样既可提高其平喘效果，且强心作用增加 4～8 倍，又可以减少与其他药物如红霉素、氨基糖苷类等不良反应发生。

需要注意给药时间的常用药物及内服方法如下：

(1)需空腹给药的药物有(料前 1 小时)　半合成青霉素中阿莫西林、氨苄西林、强力霉素、林可霉素、利福平，喹诺酮类中诺氟沙星、环丙沙星、甲磺酸培氟沙星等。

(2)料后 2 小时给药的药物　罗红霉素、阿奇霉素、左旋氧氟沙星。

(3)需定点给药的药物　地塞米松磷酸钠：治疗禽大肠杆菌败血病、腹膜炎、重症菌毒混合感染时，将 2 天用量于上午 8 时一次性投药，可提高效果，减轻撤停反应。氨茶碱：将 2 天用量于晚间 8 时一次性投药。扑尔敏、盐酸苯海拉明：将 1 天用量于晚间 9 时一次性投药。蛋鸡补钙(葡萄糖酸钙、乳酸钙)：早晨 6 时补钙疗效最佳。

(4)需喂料时给药的药物　脂溶性维生素(维生素 D、维生素 A、维生素 E、维生素 K_1、维生素 K_2)、红霉素等。

(5)关于中药　治疗肺部感染、支气管炎、心包炎、肝周炎，宜早晨料前一次投喂。治疗肠道疾病、输卵管炎、卵黄性腹膜炎时，宜晚间料后一次投喂。

2. 给药次数　浓度依赖型杀菌药物(氨基糖苷类、喹诺酮类)，其杀菌主要取决于药物浓度而不是用药次数，以 2MBC(最低杀菌浓度，可以理解为通常使用效量的 2 倍)每日只需给药 1 次，有利于迅速达到有效血药浓度，缩短达峰时间，既可以提高疗效，又可以减少不良反应，否则即使每天给药 10 次，也不能达到治疗目的。

抑菌药(如红霉素、林可霉素、磺胺喹噁林钠等)的作用，在达到 MIC(最低抑菌浓度)时，主要取决于必要的用药次数，次数不足，即使10倍MIC，也不能达到治疗目的，反而造成细菌有高浓度压力下的相对耐药性产生。

某些半衰期长的药物如地塞米松磷酸钠、硫酸阿托品、盐酸溴己环铵等，也可每日给药1次。可每日给药1次的药物有：头孢三嗪、氨基糖苷类、强力霉素、氟苯尼考、阿奇霉素、琥乙红霉素（用于支原体感染）、克林霉素（用于金黄色葡萄球菌感染）、硫酸黏杆菌素、磺胺间甲氧嘧啶、硫酸阿托品、盐酸溴己新等。

可2日给药一次的药物有：地塞米松磷酸钠、氨茶碱等。其他药物多为每日2次用药。有的药物如用麻黄碱喷雾给药解除严重喘疾时，也可每日多次给药。

不同药物每日用药次数不同，特别是上述提到的抑菌药物。而在通常的用药习惯上，有时可能出于使用方便每日仅2次给药，因此，在尽可能选择血药半衰期长的品种的同时，应充分重视给药间隔对药物作用的影响。

例如，用户可能上午9～10时给药，下午4～5时就给药了，治疗效果差。而正确的用药间隔为12小时，如在实际养殖过程中不易做到的话，白天2次用药间隔时间应保证在10小时以上，以确保药物的连续作用。

3. 给药方法 混饮或拌料是最常用、最习惯的给药方法，但由于药物不同、疾病不同、疾病严重程度不同，还应考虑喷雾给药和肌内注射给药。

（1）可用于喷雾给药的药物 氨茶碱、麻黄碱、扑尔敏、克林霉素、阿奇霉素、硫酸卡那霉素、氟苯尼考等，喷雾给药的效果是同剂量药物饮水给药的10倍，最佳的雾滴直径为10～20微米，即使用常规喷雾器（直径≥80微米）也会取得较饮水给药更好的效果。

（2）可用于喷雾给药治疗的疾病 慢性呼吸道疾病、病毒性呼吸道感染、不能采料和饮水的重症感染，如禽流感或慢性新城疫与大肠杆菌、支原体重症混合感染，注射给药因应激常导致病鸡肝破裂而死亡，而喷雾是唯一的给药方法。

(3)可用于肌内注射治疗的疾病　大肠杆菌性败血症、重症腹膜炎(常导致药物肠道吸收不良)、重症菌毒感染(不饮水不采料，心力衰竭、肝肿大者)及传染性法氏囊病。

4. 药物的不良反应　一般用药时都考虑效果，很少考虑副作用。如用恩诺沙星治疗大肠杆菌肠道感染所致肠炎、腹泻，加大用量反而加重腹泻。许多毒性大的药物，如马杜霉素、海南霉素等，治疗浓度接近中毒浓度，加大用量常导致中毒死亡。麻黄碱、氨茶碱等药物用的时间过长，也会出现腹泻等症状。氨基糖苷类的药物在肠道中吸收率低，对于肠源性大肠杆菌效果好，而对三炎性大肠杆菌效果一般；对肾脏有损伤，出现肾脏肿胀的尽量不用。

5. 药物的用法用量　为达到最佳效果，每次用药对水量，每日1次，以日饮水量30%为宜；每日2次，各以日饮水量25%为宜；为使药物血药达峰时间缩短，最好限制药水饮用时间，以不超过1小时为宜，切忌将药物加入水中让鸡自由饮用(不易达到血药峰值，治疗效果差)。因此，投药前需停水，冬季停水2小时，夏季停水1小时。

如果不是毒性大的药物，首次倍量，以后常量使用。

如果用原料药，自行配制治疗疾病，用药浓度可参照兽医药理书。

6. 关于抗感染药物的联合用药　在禽病治疗过程中，为达到治疗目的，往往2种或多种抗感染药物联合用药。

(1)联合用药的目的　①拓宽抗菌谱；②减少耐药性产生；③降低各药用量和治疗成本；④缩短病程；⑤提高疗效。

(2)联合用药的前提　下列情况可考虑联合用药：①重症感染如心内膜炎、脑内膜炎；②腹腔感染、心包炎、肝周炎；③重症菌毒混合感染如大肠杆菌病与新城疫混合感染；④不明原因混合感染(为迅速控制病情，治疗初期多联合用药，一旦确定病原或经药敏试验，去掉低敏或不对症者）。

7. 抗感染药物分类　按照药物的作用机制，一般将抗感染药物分为以下4类。

（1）繁殖期杀菌剂或破坏细胞壁者　青霉素类、头孢菌素类、磷霉素类、多肽类。

（2）静止期杀菌剂　氨基糖苷类、喹诺酮类、安莎类。

（3）速效抑菌剂　四环素类、大环内酯类、林可胺类。

（4）慢效抑菌剂　磺胺类、卡巴氧类、磺胺增效剂。

8. 药物间相互作用　不同种类抗菌药物联合应用可表现为协同、累加、无关和拮抗4种效果。一般而言，繁殖期杀菌剂与静止期杀菌剂联合使用后获协同作用的机会增多；速效抑菌剂与繁殖期杀菌剂联合可产生拮抗作用；速效抑菌剂之间联用一般产生累加作用；速效与慢效抑菌剂联用也可产生累加作用；静止期杀菌剂与速效抑菌剂联用也可产生协同和累加作用。

9. 其他用药注意事项　药物的作用效果还与疾病状态、种别、药物酸碱性、水质有一定的关系。

（1）肠杆菌肾肿　不应该选择易致肾肿的药物如氨基糖苷类、喹诺酮类、多黏菌素E等，可选择头孢菌素类、利福平等治疗。另外，许多药物是通过肾脏排泄的，如头孢菌素类，可将该类药物适当减量（减量1/4）后每日用药1次。

（2）肝肿大、肝周炎　许多药物是经肝脏代谢的，当发生上述疾病时，应适当减量（减1/3）。

（3）种别　肉鸡为酸性体质，用碱性药物如碱性恩诺沙星治疗，效果不佳。而治疗蛋鸡疾病时（通常100升水中加50克硼砂）则往往能取得很好的治疗效果。

（4）药物酸碱性对治疗效果的影响

①需在碱性环境中使用的药物　庆大霉素、新霉素、利福平（pH值＜9）、阿奇霉素（pH值6.2时MIC较pH值7.2时高100

倍)、恩诺沙星、磺胺类。

②需在酸性环境中使用的药物　强力霉素。

③需在中性环境中使用的药物　青霉素类、头孢菌素类。

(5)水质　有的水质中含重金属离子如 Fe^{2+}(铁锈)、Al^{3+}(铝)很多,对强力霉素、喹诺酮类有很大的影响,一般需投喂水质改良剂(螯合剂),一般在 100 升饮水中加用螯合酸铁(EDTA-Na_2)10 克。

(八)抗生素替代品的使用

抗生素替代品既能够防控细菌性疾病,又能解决抗生素残留和危害,符合食品安全的要求,应用前景广阔。

1. 抗菌肽　一类具有抗菌活性的阳离子短肽的总称,也是生物体先天免疫系统的一个重要组分。目前,已有将其基因克隆入酵母中,并能高效表达,可通过发酵优化生产出抗菌肽酵母制剂,代替抗生素预防和治疗沙门氏菌等引起的细菌病。其主要作用特点有:①对多种病原体(细菌、病毒、真菌、寄生虫)和癌细胞具有杀伤或抑制作用,而对真核细胞不具细胞毒作用。②生物学活性稳定,在高离子强度和酸碱环境中或 100℃加热 10 分钟时仍具有杀菌、抑菌作用。③能与宿主体内某些阳离子蛋白、溶菌酶或抗生素协同作用,增强其抗菌效应。④具有与抗生素不同的杀菌机制(菌细胞膜穿孔),不易产生抗菌肽耐药菌株。⑤能与细胞脂多糖结合,具有中和内毒素的作用,因此对革兰氏阴性菌败血症和内毒素中毒性休克具有很好的防治作用。⑥调节细胞因子表达,可招募并增强吞噬细胞的杀菌作用,而降低由炎症细胞因子引发的炎症反应。

2. 植物提取物　植物提取物具有天然性、低毒、无抗药性、多功能等特点,我国传统的中草药都可利用,其含有的多糖、生物碱、苷类、酯类、植物色素等生物活性物质以及营养物质具有抗病毒、抗菌、抗应激、提高机体免疫力、促生长等作用。目前，已经应用的有大蒜素、小檗碱、鱼腥草素、黄芪多糖等。

3. 微生态制剂　微生态制剂也称活菌制剂、生菌剂，是根据微生态学原理，由一种或多种有益于动物胃肠道微生态平衡的活的微生物制成的活菌制剂。微生态制剂主要作用是在数量或种类上补充肠道内缺乏的正常微生物，调节动物胃肠道菌群趋于正常化或帮助动物建立正常微生物群系，抑制或排除致病菌和有毒菌，维持胃肠道的菌群平衡，维护胃肠道的正常生理功能，增强机体免疫力，达到预防疾病和提高生产性能的目的。目前，已经应用的有乳酸杆菌、双歧杆菌、噬菌蛭弧菌、粪链球菌、蜡样芽孢杆菌、枯草杆菌及酵母菌等，多呈复合制剂，使用比较广泛。缺点是保存、运输和使用过程中活性损失较大，从而降低了该产品的使用效果。

微生态制剂与抗生素的作用有相同之处。抗生素是直接抑制细菌的生长，而微生态制剂是增加有益菌的数量，从而抑制有害菌的生长。

目前，在蛋鸡上应用比较多，可显著提高产蛋率和饲料转化率，改善蛋的品质。

4. 噬菌体制剂　具有独特优势，治疗效果随着宿主菌的增殖而增强；另外，不存在耐药性，无残留问题，毒副作用小，制备相对容易，成本也较低。

5. 有机酸　研究表明，一些短链脂肪酸及其盐类在畜禽日粮中的作用与促生长抗生素相似，能抑制肠道中有害菌如大肠杆菌等的繁殖甚至能够直接杀灭某些肠道内的致病菌如沙门氏菌。另外，通过降低饲料的系酸力、参与调节消化道内 pH 值的平衡、改善饲料报酬，从而提高动物的生产性能。目前，柠檬酸、乳酸、磷酸、延胡索酸等是常用的酸化剂。

6. 低聚糖　低聚糖也称功能性低聚糖或寡糖，是 2～10 个单糖以糖苷键连接的小聚合物总称。这类糖经口服进入动物机体肠道后，能促进有益菌增殖而抑制有害菌生长；通过结合、吸收外源性致病菌，充当免疫刺激的辅助因子，改善饲料转化率，提高机体的抗病力和免疫力。目前，已用作饲料添加剂的有：低聚果糖、低聚乳糖、低聚木糖、低聚半乳糖、低聚异麦芽糖、甘露低聚糖、大豆低聚糖等。

7. 酶制剂 目前，饲料用酶制剂可提高饲料消化、吸收率，并降低麦类等滞留对肠道产生的不利影响，如麦类专用酶以及木聚糖酶、葡聚糖酶、甘露聚糖酶、植酸酶等。

二、禁用药物

（一）我国禁用药物名单

为了保证动物源性食品安全，维护人民身体健康，农业部先后发布了第 193 号、第 176 号和第 560 号公告，严禁对食品动物（包括蛋鸡）使用国务院畜牧兽医行政管理部门已明令禁用或未经批准的兽药。禁用兽药清单如下：

1. 肾上腺素受体激动剂：盐酸克仑特罗、沙丁胺醇、硫酸沙丁胺醇、莱克多巴胺、盐酸多巴胺、西马特罗、硫酸特布他林。

苯乙醇胺 A、班布特罗、盐酸齐帕特罗、盐酸氯丙那林、马布特罗、西布特罗、溴布特罗、酒石酸阿福特罗、富马酸福莫特罗、盐酸可乐定、盐酸赛庚啶。

2. 性激素：乙烯雌酚、雌二醇、戊酸雌二醇、苯甲酸雌二醇、氯烯雌醚、炔诺醇、炔诺醚、醋酸氯地孕酮、左炔诺孕酮、炔诺酮、绒毛膜促性腺激素（绒促性素）、促卵泡生长激素、甲基睾丸酮、丙酸睾酮。

3. 具有雌激素样作用的物质：玉米赤霉醇、去甲雄三烯酮、醋酸甲孕酮及制剂。

4. 蛋白同化激素：碘化酪蛋白、苯酸诺龙及苯丙酸诺龙注射液。

5. 精神药品：氯丙嗪、盐酸异丙嗪、安定（地西泮）、苯巴比妥、苯巴比妥钠、巴比妥、异戊巴比妥、异戊巴比妥钠、利血平、艾司唑仑、甲丙氨酯、咪达唑仑、硝西泮、奥沙西泮、匹莫林、三唑仑、唑吡旦以及其他国家管制的精神药品。

6. 氯霉素及其盐、酯（包括琥珀氯霉素）及制剂。

7. 氨苯砜及制剂。

8. 硝基呋喃类：呋喃唑酮、呋喃它酮、呋喃苯烯酸钠、呋喃西林、呋喃妥因、呋喃那丝及制剂。

9. 硝基化合物：硝基酚钠、硝呋烯腙、替硝唑及制剂及制剂。

10. 硝基咪唑类：甲硝唑、地美硝唑及其盐、酯及制剂。

11. 抗生素、合成抗菌药：头孢哌酮、头孢噻肟、头孢曲松、头孢噻吩、头孢拉啶、头孢唑啉、头孢噻啶、罗红霉素、克拉霉素、阿奇霉素、磷霉素、硫酸奈替米星、氟罗沙星、司帕沙星、甲替沙星、克林霉素（氯林可霉素、氯洁霉素）、妥布霉素、胍哌甲基四环素、盐酸甲烯土霉素（美他环素）、两性霉素、利福霉素、万古霉素等及其盐、酯及单、复方制剂。

12. 喹噁啉类：卡巴氧及其盐、酯及制剂

13. 催眠、镇静类：安眠酮及制剂。

14. 杀虫剂：林丹（丙体六六六）、毒杀芬（氯化烯）、呋喃丹（克百威）、杀虫脒（克死螨）、双甲脒、酒石酸锑钾、锥虫胂胺、孔雀石绿、五氯酚酸钠。

15. 各种汞制剂包括：氯化亚汞（甘汞）、硝酸亚汞、醋酸汞、吡啶基酝酿汞。

16. 抗病毒药物：金刚烷胺、金刚乙胺、阿昔洛韦、吗啉（双）胍（病毒灵）、利巴韦林等。

17. 复方制剂：注射用的抗生素与安乃近、氟喹诺酮类等化学

合成药物的复方制剂；镇静类药物与解热镇痛药等治疗药物组成的复方制剂。

18. 解热镇痛类：双嘧达莫、聚肌胞、氟胞嘧啶、代森铵、磷酸伯氨喹、磷酸氯喹、异噻唑啉酮、盐酸地酚诺酯、盐酸溴己新、西咪替丁、盐酸甲氧氯普胺、甲氧氯普胺、比沙可啶、二羟丙茶碱、白细胞介素-2、别嘌醇、多抗甲素（α-甘露聚糖肽）等及其盐、酯及制剂。

19. 各种抗生素滤渣。

（二）部分国家和地区禁用药物名单

鸡蛋要想走出国门，进入国际市场，就必须了解有关国家禁用什么药物，现将部分国家和地区禁用药物名单汇列如下，仅供参考。

1. 欧盟 欧盟禁用药物有 30 种：阿伏霉素，洛硝达唑，卡巴多，喹乙醇，杆菌肽锌（禁止作饲料添加药物使用），螺旋霉素（禁止作饲料添加药物使用），维吉尼亚霉素（禁止作饲料添加药物使用），磷酸泰乐菌素（禁止作饲料添加药物使用），阿普西特，二硝托胺，异丙硝唑，氯羟吡啶，氯羟吡啶/苄氧喹甲酯，氨丙啉，氨丙啉/乙氧酰胺苯甲酯，地美硝唑，尼卡巴嗪，二苯乙烯类及其衍生物、盐和酯（如己烯雌酚等），抗甲状腺类药物（如甲巯咪唑、普萘洛尔等），类固醇类（如雌激素、雄激素、孕激素等），二羟基苯甲酸内酯（如玉米赤霉醇），β-兴奋剂类（如克仑特罗、沙丁胺醇、喜马特罗等），马兜铃属植物及其制剂，氯霉素，氯仿，氯丙嗪，秋水仙碱，氨苯砜，甲硝咪唑，硝基呋喃类。

2. 美国 美国禁用药物有 11 种：氯霉素，克仑特罗，己烯雌酚，地美硝唑，异丙硝唑，其他硝基咪唑类，呋喃唑酮（外用除外），呋喃西林（外用除外），泌乳牛禁用磺胺类药物（下列除外：磺胺二甲氧嘧啶、磺胺溴甲嘧啶、磺胺乙氧嗪），氟喹诺酮类（沙星类），糖肽类抗生素（如万古霉素），阿伏霉素。

3. 日本　日本禁用药物有 11 种：氯羟吡啶，磺胺喹噁啉，氯霉素，磺胺甲基嘧啶，磺胺二甲基嘧啶，磺胺-6-甲氧嘧啶，噁喹酸，乙胺嘧啶，尼卡巴嗪，双呋喃唑酮，阿伏霉素。

4. 香港　中国香港禁用药物有 7 种：氯霉素，克仑特罗，己烯雌酚，沙丁胺醇，阿伏霉素，己二烯雌酚，己烷雌酚。

三、常用药物用法与用量

（一）家禽常用内服药物用法与用量

蛋鸡给药方式不同所用的浓度也不尽相同，一般蛋鸡饮水量是采食量的 2 倍，混饲浓度是自由饮水浓度的 2 倍。在生产中为提高用药效果一般不采取自由饮水的给药方式，而是采用口渴饮水法，药液浓度必须提高，一般按鸡群体重来计算用药量，一次性投喂。下面将生产中常用药物的单位体重喂药量列出，以供饲养者参考。

1. 青霉素 G　又名青霉素、苄青霉素，抗菌药物，肌内注射：5 万～10 万单位/千克体重。与四环素等酸性药物及磺胺类药有配伍禁忌。

2. 氨苄青霉素　又名氨苄西林、氨比西林，抗菌药物，25～40 毫克/千克体重。

3. 阿莫西林　又名羟氨苄青霉素，抗菌药物，25～40 毫克/千克体重。

4. 泰乐菌素　又名泰农，抗菌药物，20～30 毫克/千克体重，不能与聚醚类抗生素合用。注射用药反应大，注射部位坏死，精神沉郁及采食量下降 1～2 天。

5. 泰妙菌素　又名支原净，抗菌药物，10～30 毫克/千克体重，不能与莫能菌素、盐霉素、甲基盐霉素等聚醚类抗生素合用。

6. 替米考星 抗菌药物，10～20毫克/千克体重，蛋鸡禁用。

7. 红霉素 抗菌药物，20～30毫克/千克体重，不能与莫能菌素、盐霉素等抗球虫药合用。

8. 螺旋霉素 抗菌药物，20～40毫克/千克体重。

9. 北里霉素 又名吉它霉素、柱晶霉素，抗菌药物，50～100毫克/千克体重，蛋鸡产蛋期禁用。

10. 林可霉素 又名洁霉素，抗菌药物，20～40毫克/千克体重，最好与其他抗菌药物联用以减缓耐药性产生，与多黏菌素、卡那霉素、新霉素、青霉素G、链霉素、复合维生素B等药物有配伍禁忌。

11. 杆菌肽 抗菌药物，5～10毫克/千克体重，对肾脏有一定的毒副作用。

12. 多黏菌素 又名黏菌素、抗敌素，抗菌药物，3～8毫克/千克体重，与氨茶碱、青霉素G、头孢菌素、四环素、红霉素、卡那霉素、维生素B_{12}、碳酸氢钠等有配伍禁忌。

13. 链霉素 抗菌药物，肌内注射5万单位/千克体重，雏禽和纯种外来禽慎用。

14. 卡那霉素 抗菌药物，10～15毫克/千克体重，尽量不与其他药物配伍使用。与氨苄青霉素、头孢曲松钠、磺胺嘧啶钠、氨茶碱、碳酸氢钠、维生素C等有配伍禁忌。注射剂量过大，可引起毒性反应，表现为水泻、消瘦等。

15. 阿米卡星 又名丁胺卡那霉素，抗菌药物，10～15毫克/千克体重，与氨苄青霉素、头孢唑啉钠、红霉素、新霉素、维生素C、氨茶碱、盐酸四环素类、地塞米松、环丙沙星等有配伍禁忌。注射剂量过大，可引起毒性反应，表现为水泻、消瘦等。

16. 新霉素 抗菌药物，15～30毫克/千克体重。

17. 壮观霉素 又名大观霉素、速百治，抗菌药物，20～40毫克/千克体重，蛋鸡产蛋期禁用。

18. 安普霉素　又名阿普拉霉素，抗菌药物，20～40 毫克/千克体重。

19. 强力霉素　又名多西环素、脱氧土霉素，抗菌药物，20～30 毫克/千克体重，配伍禁忌同土霉素。

20. 庆大霉素　抗菌药物，饮水：10～20 毫克/千克体重；肌内注射：5～10 毫克/千克体重，与氨苄青霉素、头孢菌素类、红霉素、磺胺嘧啶钠、碳酸氢钠、维生素 C 等药物有配伍禁忌。注射剂量过大，可引起毒性反应，表现为水泻、消瘦等。

21. 金霉素　抗菌药物，50～100 毫克/千克体重，配伍禁忌同土霉素。

22. 氟苯尼考　又名氟甲砜霉素，抗菌药物，20～30 毫克/千克体重。

23. 氧氟沙星　又名氟嗪酸，抗菌药物，10～15 毫克/千克体重，与氨茶碱、碳酸氢钠有配伍禁忌。与磺胺类药合用，加重对肾的损伤。

24. 恩诺沙星　抗菌药物，10～15 毫克/千克体重，配伍禁忌同氧氟沙星。

25. 环丙沙星　抗菌药物，肌内注射：15～30 毫克/千克体重，配伍禁忌同氧氟沙星。

26. 达氟沙星　又名单诺沙星，抗菌药物，10～15 毫克/千克体重，配伍禁忌同氧氟沙星。

27. 沙拉沙星　抗菌药物，10～15 毫克/千克体重，配伍禁忌同氧氟沙星。

28. 敌氟沙星　又名二氟沙星，抗菌药物，10～15 毫克/千克体重，配伍禁忌同氧氟沙星。

29. 诺氟沙星　又名氟哌酸，抗菌药物，20～40 毫克/千克体重，配伍禁忌同氧氟沙星。

30. 磺胺嘧啶　抗菌药物、抗球虫药，抗卡氏白细胞虫药，

100～150 毫克/千克体重，不能与拉沙菌素、莫能菌素、盐霉素配伍，产蛋鸡慎用，本品最好与碳酸氢钠同时使用。

31. 磺胺二甲基嘧啶 又名菌必灭，抗菌药物、抗球虫药，抗卡氏白细胞虫药，100～150 毫克/千克体重，配伍禁忌同磺胺嘧啶。

32. 磺胺甲基异噁唑 又名新诺明，抗菌药物、抗球虫药，抗卡氏白细胞虫药，40～60 毫克/千克体重，配伍禁忌同磺胺嘧啶。

33. 磺胺喹噁啉 抗菌药物、抗球虫药，抗卡氏白细胞虫药，40～60 毫克/千克体重，配伍禁忌同磺胺嘧啶。

34. 磺胺氯吡嗪钠 抗菌药物、抗球虫药，抗卡氏白细胞虫药，40～60 毫克/千克体重，配伍禁忌同磺胺嘧啶。

35. 二甲氧苄氨嘧啶 又名敌菌净，抗菌药物、抗球虫药，抗卡氏白细胞虫药，20～30 毫克/千克体重。由于易形成耐药性，因此不宜单独使用。常与磺胺类药或抗生素按 1∶5 的比例使用，可提高抗菌甚至杀菌作用。不能与拉沙霉素、莫能菌素、盐霉素等抗球虫药配伍。产蛋鸡慎用，最好与碳酸氢钠同时使用。

36. 三甲氧苄氨嘧啶 抗菌药物、抗球虫药，抗卡氏白细胞虫药，20～30 毫克/千克体重。配伍禁忌同二甲氧苄氨嘧啶。

37. 痢菌净 又名乙酰甲喹，抗菌药物，3～6 毫克/千克体重。毒性大，务必拌匀，连用不能超过 3 天。

38. 制霉菌素 抗真菌药物，治疗曲霉菌病：1 万～2 万单位/千克体重。

39. 莫能菌素 又名欲可胖、牧能菌素，抗球虫药物，10 毫克/千克体重。能使饲料适口性变差以及引起啄毛。产蛋鸡禁用。

40. 盐霉素 又名优素精、球虫粉、沙利霉素，抗球虫药物，5 毫克/千克体重。产蛋鸡禁用。本品能引起鸡的饮水量增加，造成垫料潮湿。

41. 拉沙菌素 又名球安，抗球虫药物，10 毫克/千克体重。

能引起饮水量增加，引起垫料潮湿。产蛋鸡禁用。

42. 马杜霉素　又名加福、抗球王，抗球虫药物，0.5 毫克/千克体重。拌料不匀或剂量过大引起鸡瘫痪。产蛋鸡禁用。

43. 氨丙啉　又名安宝乐，抗球虫药物，10～20 毫克/千克体重。因能妨碍维生素 B_1 吸收，因此使用时应注意维生素 B_1 的补充。过量使用会引起轻度免疫抑制。

44. 尼卡巴嗪　又名球净、加更生，抗球虫药物，10 毫克/千克体重。会造成生长抑制，蛋壳变浅色，受精率下降，因此产蛋鸡禁用。

45. 二硝托胺　又名球痢灵，抗球虫药物，10～20 毫克/千克体重，与 5 毫克/千克体重洛克沙生联用有增效作用。

46. 氯苯胍　又名罗本尼丁，抗球虫药物，3 毫克/千克体重，可引起肉鸡肉品和蛋鸡的蛋有异味，所以产蛋鸡一般不宜使用。

47. 氯羟吡啶　又名克球粉、克球多、康乐安、可爱丹，抗球虫药物，10～20 毫克/千克体重，产蛋鸡禁用。

48. 地克珠利　又名杀球灵、伏球、球必清，抗球虫药物，0.1 毫克/千克体重，产蛋鸡禁用。

49. 妥曲珠利　又名百球清，抗球虫药物，2 毫克/千克体重，产蛋鸡禁用。

50. 常山酮　又名速丹，抗球虫药物，0.3 毫克/千克体重拌料：0.0002%～0.0003%。

51. 左旋咪唑　驱线虫药，一次性口服：40 毫克/千克体重。

52. 丙硫咪唑　又名阿苯达唑、抗蠕敏，驱消化道蠕虫药，口服：30 毫克/千克体重。

53. 碳酸氢钠　磺胺药中毒解救药及减轻酸中毒，饮水：0.1%，拌料：0.1%～0.2%。

54. 氯化铵　祛痰药。饮水：0.05%。

55. 硫酸铜　抗曲霉菌药，抗毛滴虫药，0.05%饮水，鸡口服中毒剂量为1克/千克体重。硫酸铜对金属有腐蚀作用，必须用瓷器或木器盛装。

56. 碘化钾 抗曲霉菌药，抗毛滴虫药，饮水：0.2%～1%。

57. 阿维菌素 驱线虫、节肢动物药物，拌料：0.3毫克/千克体重，皮下注射：0.2毫克/千克体重。

58. 伊维菌素 驱线虫、节肢动物药物，拌料：0.3毫克/千克体重，皮下注射：0.2毫克/千克体重。

(二)家禽常用消毒药用法与用量

使细菌或病毒蛋白变性是消毒药的主要功能，所以在消毒前将鸡舍和设备用具清理干净有利于消毒效果的保证。

1. 来苏儿 又名煤酚皂溶液，3%～5%溶液喷洒，2%溶液消毒皮肤。

2. 克辽林 又名煤焦油皂液、臭药水，3%～5%喷洒，10%溶液可以浸浴鸡脚，治疗鳞足病。

3. 甲醛 又名福尔马林溶液（含甲醛40%），4%甲醛溶液喷洒消毒；福尔马林和高锰酸钾按2：1的比例放入玻璃器皿中熏蒸消毒，每立方米空间福尔马林24毫升、高锰酸钾12克，熏蒸消毒4小时以上；也可每立方米空间福尔马林24毫升加热熏蒸消毒，熏蒸消毒12小时以上。

4. 生石灰 又名氧化钙，用于鸡舍外道路消毒一般撒干粉；10%～20%石灰乳涂刷鸡舍墙壁及地面，或消毒排泄物。不能久贮，必须现配现用。

5. 氢氧化钠 又名苛性钠、烧碱，2%～3%热水溶液，本品有腐蚀性，能损坏纺织物，用时应小心。

6. 漂白粉 又名含氯石灰，5%～10%悬液，不能消毒金属用具，必须现配现用。

7. 新洁尔灭 0.1%，肥皂能减低本品的效力，遇高锰酸钾、碘和碘化物以及硼酸，可产生沉淀。

8. 过氧乙酸　0.2%～0.5%喷洒，本品有腐蚀性，不能消毒金属用具。

9. 高锰酸钾　0.1%～0.5%，本品溶液现配现用。

10. 乙醇　又名酒精，70%外用，一般用于皮肤和器械的消毒。

11. 碘酊　2%外用，对创伤和黏膜有刺激性。

12. 碘甘油　3%外用，本品无刺激性，用于消毒黏膜，可以治疗黏膜性鸡痘。

13. 紫药水　1%～2%龙胆紫的水或酒精溶液，一般用于皮肤和创伤消毒。

14. 农福　为醋酸混合酚与烷基苯磺酸复配的水溶液，1%～1.3%溶液用于畜禽喷洒消毒；1.7 %溶液用于器具、车辆消毒。

15. 优氯净　又名二氯异氰尿酸钠，水溶液0.5%～1%喷洒、浸泡、擦拭等消毒，饮水消毒4毫克/升。

16. 百毒杀　为双链季铵盐，饮水消毒用25～50毫克/升，带鸡消毒用150毫克/升。

第四节　蛋鸡常见疾病

一、常见病毒性疾病

（一）鸡新城疫

鸡新城疫又称亚洲鸡瘟，它是由副黏病毒引起的鸡的一种急性、高度接触性的烈性传染病。鸡新城疫病毒只有1个血清型，但不同毒株间致病力不同。

1. 症状和病变 体温升高，精神不振，羽毛松乱，缩颈闭眼，食欲减少或废绝，腹泻，粪便呈黄绿色或黄白色，嗉囊积液，倒提鸡时常有大量淡黄色酸臭液体从口中流出。

呼吸困难，张口伸颈，带有喘鸣声或“咯咯”的怪声，有吞咽动作，鸡冠、肉髯呈青紫色。

部分病鸡出现腿麻痹、脚爪干瘪、瘫痪、鸡体消瘦、头颈扭曲、后仰、转圈等神经症状，多见于雏鸡与育成鸡。

产蛋鸡的产蛋量下降，蛋壳质量变差，褪色蛋、白壳蛋、软壳蛋、畸形蛋增多。

口、咽部蓄积黏液，喉头和气管黏膜充血、出血，有黏液，气囊膜增厚，有时可见干酪样渗出物。

腺胃乳头出血、溃疡，腺胃与食管、肌胃交界处黏膜有针尖或条状出血。十二指肠及小肠黏膜有出血和溃疡，常形成岛屿状或枣核状坏死溃疡灶，盲肠扁桃体肿胀、出血和溃疡，直肠和泄殖腔出血，胸腺、胰腺常见点状出血，腹脂出现细小出血点。

产蛋鸡出现卵泡变形、出血以及因卵泡破裂引起的腹膜炎。

非典型新城疫病理变化不典型，主要表现为肠道和泄殖腔充血、出血，以及呼吸道病变。

2. 防治措施 严格执行防疫卫生措施，杜绝病原侵入鸡群，防止从外地购入病鸡和带毒鸡，严防鸟类、猫、鼠等动物及外来人员进入鸡舍。

认真做好免疫接种工作，增强鸡的特异性抵抗力，重视抗体监测，对鸡群进行定期新城疫抗体检测，及时了解抗体升降情况，建立适合本场的免疫程序。

在整个生产期中，定期监测抗体，如发现抗体滴度离散性大，可用新城疫Ⅳ系苗饮水或喷雾，提高低滴度个体的保护力。

对发病鸡群可用新城疫Ⅳ系活苗进行紧急接种，饲料中添加多种维生素和抗菌药物，以提高机体抵抗力，防止细菌继发感染。

同时，对鸡舍、用具及环境进行清扫消毒。对鸡群带鸡消毒。

进行鸡新城疫疫苗免疫接种前后 2～3 天，在鸡群的饮水中添加速补等速溶性维生素，以减少应激反应，提高免疫效果。

（二）传染性法氏囊病

传染性法氏囊病是青年鸡的一种急性、接触性传染病。其病原体为双链 RNA 病毒。临诊表现为发病突然，呈尖峰式发病和死亡曲线。本病病毒主要侵害鸡的体液免疫中枢器官——法氏囊，使病鸡法氏囊的淋巴细胞受到破坏，不能产生免疫球蛋白，导致免疫功能障碍（免疫不全或免疫抑制），使疫苗接种后达不到预期效果，由于免疫功能降低，还容易感染鸡的其他疾病。

1. 症状和病变　发病突然，精神不振，采食减少，翅膀下垂，羽毛蓬乱无光泽，怕冷，在热源处扎堆，或在墙角呆立，呈衰弱状态。

病初，可见有的病鸡啄自己泄殖腔。排黄色稀便，后出现白色水样粪便，泄殖腔周围羽毛被粪便污染。急性者出现症状后 1～2 天死亡。病鸡脱水严重，趾爪干瘪，眼窝凹陷，拒食，震颤，衰竭死亡。发病 1 周后，病死鸡数明显减少，鸡群迅速康复。

病死鸡脱水，胸肌和腿肌有条状或斑状出血。腺胃尤其是腺胃和肌胃交界处有溃疡和出血点或出血斑。盲肠淋巴结肿大，并有出血点。肾脏肿大，苍白。输尿管扩张，常见尿酸盐沉积。

法氏囊肿大到正常的 2 倍或以上，水肿。严重者出血如紫葡萄状，内褶肿胀、出血，内有大量果酱样黏液或黄色干酪样物。一般感染初期法氏囊肿大，后期则开始萎缩，10 天以后只有正常体积的 1/5～1/3。

2. 防治措施　加强饲养管理，建立严格的卫生消毒措施，实行全进全出制，减少或避免各种应激反应。

根据本病流行特点、管理条件、疫苗毒株和鸡群母源抗体状况等条件制定相应的免疫程序。有母源抗体鸡群一般首次免疫在12～14日龄，使用中等毒力的疫苗；无母源抗体鸡群首次免疫应适当提前，疫区甚至可以在1日龄首次免疫。种鸡开产前注射1次传染性法氏囊病油苗，能让后代雏鸡获得母源抗体，减少雏鸡早期发病。

发病鸡群可适当提高鸡舍温度，在水中添加水溶性维生素及电解质，以增强抵抗力，投服抗菌药物防止继发感染。注射高免血清和高免卵黄抗体有很好的治疗效果，注射越早效果越佳。

（三）鸡马立克氏病

鸡马立克氏病是由Ⅱ型疱疹病毒引起的鸡的一种高度传染性的肿瘤性疾病。

1. 症状和病变 根据病变发生的主要部位和症状，可分4种类型。

（1）神经型 常见侵害坐骨神经，一侧较轻，另一侧较重，形成一种特征性的“劈叉式”姿态。臂神经受侵害时，被侵一侧翅膀下垂，有的病鸡还表现头颈歪斜，嗉囊麻痹或扩张，有的病鸡双腿麻痹，脚趾弯曲，似维生素 B_2 缺乏的症状。解剖可见一侧或双侧神经肿胀变粗，一般受侵害的神经粗度是正常的2～3倍，神经纤维横纹消失，呈灰白色或黄白色。有的神经上有明显的结节。

（2）内脏型 此型较为多见。流行初期可出现急性病例，病鸡表现精神不振，食欲减退，羽毛松乱，粪便稀薄呈黄绿色，极度消瘦。解剖可见心、肝、脾、肾、肺等组织表面有大小不等、形状不一的单个或多个白色结节状肿瘤，肿瘤质地坚实，稍突出于脏器表面，较光滑，切面平整，呈油脂状。腺胃壁增厚，乳头融合肿胀，有出血或溃疡。肠壁增厚，形成局部性肿瘤。卵巢肿大，肉变，呈菜花状。一般不引起法氏囊肿瘤，但常见法氏囊萎缩。

（3）皮肤型 皮肤增厚，有结节或痂皮。毛囊呈肿瘤状，严重时呈疥癣样，多发生于大腿、颈、背等生长粗羽的部位。

(4)眼型　发生于一眼或双眼，视力丧失，虹膜褪色，瞳孔收缩，边缘不整齐，似锯齿状。严重时整个瞳孔只留下一个针头大的小孔。

2. 防治措施　加强孵化室的卫生消毒工作，种蛋、孵化箱要进行熏蒸消毒。育雏前期要进行隔离饲养，防止马立克氏病毒的早期感染。

出壳雏鸡 24 小时内必须注射马立克氏病疫苗，注射时严格按照操作说明进行。个别污染严重的鸡场，可在出壳 1 周内用马立克氏病冻干苗进行二免。我国目前使用的疫苗有冻干苗和液氮苗 2 种，这些疫苗均不能抵抗感染，但可防止发病。冻干苗为火鸡疱疹病毒疫苗，它使用方便、易保存，但不能预防超强毒的感染发病，也易受母源抗体干扰，造成免疫失败。液氮苗常为二价或三价苗，需－196℃的液氮保存，它可预防超强毒的感染发病，受母源抗体干扰较少。在疫苗使用中应注意以下几点：

第一，接种剂量要足，一般每只需注射 4 000 蚀斑单位(PFU)以上的马立克氏病疫苗，而我国目前的标准量是 2 000 蚀斑/只，在保存、稀释、使用时造成部分损失，常导致免疫剂量不足。实际使用时应按说明量的 2～3 倍使用。

第二，保存、稀释疫苗要严格按照操作说明去做，尤其是液氮苗，要定期检查保存疫苗的液氮罐，以保证疫苗一直处于液氮中，稀释时要求卫生、快速、剂量准确。

第三，疫苗稀释后仍需放在冰瓶内，并在 1 小时内用完。

传染性法氏囊病、传染性贫血、网状内皮增生症、沙门氏菌病、球虫病及各种应激因素均可使鸡对马立克氏病的免疫保护力下降，导致马立克氏病的免疫失败。在饲养过程中要注意对这些疾病的防治，同时尽量避免各种应激反应。需长途运输的雏鸡，到达目的地时，可补种 1 次马立克氏疫苗。

(四)传染性支气管炎

鸡传染性支气管炎是由冠状病毒引起的鸡的一种急性、高度传染性呼吸道传染病。

1. 症状和病变 雏鸡伸颈张嘴呼吸,有啰音或喘息音,打喷嚏和流鼻液,有时伴有流泪和面部水肿。出现呼吸症状 2～3 天后精神不振,食欲下降,常聚热源处,翅膀下垂,羽毛逆立。

雏鸡发生肾型传染性支气管炎时,大群精神较好,表现典型双相性临床症状,即发病初期有 2～4 天轻微呼吸道症状,随后呼吸道症状消失,出现表面上的"康复",1 周左右进入急性肾病变阶段,出现零星死亡。病鸡羽毛逆立,精神委靡,排米汤样白色粪便,鸡爪干瘪。

青年鸡发病时张口呼吸,咳嗽,发出"咯咯"声,为排出气管内黏液,频频甩头,发病 3～4 天后出现腹泻,粪便呈黄白色或绿色。

产蛋鸡发病后,除出现气管啰音、喘气、咳嗽、打喷嚏等症状外,突出表现是产蛋量显著下降,并产软壳蛋、畸形蛋、褪色蛋,蛋壳粗糙,蛋清稀薄如水。

气管、支气管、鼻道和窦腔内有浆液性、卡他性或干酪性的渗出物,气管黏膜肥厚,呈灰白色。

产蛋鸡的腹腔内可见到液状卵黄物质,输卵管子宫部水肿,内有干酪样分泌物。雏鸡病愈后有的输卵管发育受阻,变细、变短或呈囊状,失去正常功能,致使性成熟后不能正常产蛋。

发生肾型传染性支气管炎时,机体严重脱水,肾脏肿大、褪色。肾小管和输尿管内充满白色的尿酸盐,肾脏呈斑驳状花肾。

2. 防治措施 无论大小鸡场,都应做好严格的隔离、消毒等防疫工作。加强饲养管理,注意通风换气,避免一切应激反应,尤其是季节交替时的冷应激。

免疫预防:采用传染性支气管炎弱毒苗和灭活苗联合免疫,可产生呼吸道黏膜的局部免疫和全身的体液免疫。

雏鸡发生肾型传染性支气管炎后的治疗：

第一，避免一切应激反应，保持鸡群安静，停止免疫。

第二，提高育雏温度2℃～3℃。

第三，饲料中停止添加任何损害肾脏的药物，如磺胺类药物、庆大霉素、卡那霉素等。毒性较大的药物也应禁止添加，如痢特灵、喹乙醇、球虫药、驱虫药等。

第四，降低饲料中蛋白质水平，蛋白质含量在15%～16%较适宜，同时将多种维生素加倍，尤其是要增加维生素A的用量。

第五，提供充足饮水，并在饮水中添加电解质或保肾药等。

通过上述方法进行治疗可使鸡群死亡迅速减少或停止。

（五）鸡　痘

鸡痘是由痘病毒引起的鸡的一种急性、接触性传染病。

1. 症状和病变　本病潜伏期为4～8天，分为皮肤型、黏膜型和混合型。

（1）皮肤型　痘斑主要发生在鸡体无毛或毛稀少的部位，特别是鸡冠、肉髯、眼睑、喙角和趾部等处。常在感染后5～6天出现灰白色小丘疹，过3～5天出现明显的痘斑，再过10天左右，痂皮脱落。破溃的皮肤易感染葡萄球菌，使病情加重。

（2）黏膜型　痘斑常发生于口腔、咽喉和气管，初呈圆形黄色斑点，逐渐扩散成为大片假膜，随后变厚成棕色痂块，不易剥离，常引起呼吸、吞咽困难，甚至窒息而死。病鸡表现精神委顿，食欲减退，张口呼吸，常发出"嘎嘎"的声音。

（3）混合型　为以上两种症状同时发生。病情较为严重，死亡率较高。

2. 防治措施　搞好饲养管理，加强鸡群的卫生消毒及消灭吸血昆虫。

定期进行免疫接种。目前,常用的是鸡痘鹌鹑化弱毒苗,使用方法是:鸡翅膀内侧无毛无血管处皮肤刺种,刺种后3～4天,刺种部位应出现红肿、水疱及结痂,表明刺种成功,否则应予补种。首次免疫在30日龄左右,二次免疫在开产前进行。本病流行季节或污染严重的鸡场,可在6～20日龄首次接种。发病鸡群的治疗:发病鸡群要使用抗菌药物以防止葡萄球菌等细菌病的继发感染。在皮肤破溃的部位可用1%碘甘油(碘化钾10克,碘5克,甘油20毫升,摇匀,加蒸馏水至100毫升)涂擦治疗,对鸡痘引起的眼炎可用庆大霉素或其他抗生素点眼治疗。

(六)产蛋下降综合征

产蛋下降综合征是由腺病毒引起的传染病。主要表现为产蛋鸡产蛋率下降,褪色蛋、软壳蛋、畸形蛋和无壳蛋增多。

1. 症状和病变 发病鸡群一般无特殊临床症状,只表现产蛋量突然下降或产蛋率达不到高峰。下降幅度为10%～30%,3～8周后渐渐恢复正常。

产蛋率下降的同时,还伴有大量软壳蛋、褪色蛋、薄壳蛋、畸形蛋、无壳蛋等异常蛋。在流行盛期,软壳蛋和无壳蛋可达10%以上,蛋的破损率可高达30%以上。

本病一般没有死亡,也无特殊性病变,偶见输卵管黏膜水肿、肥厚,有时可见卵巢萎缩,卵泡稀少。

2. 防治措施 本病无有效的治疗方法,在开产前接种产蛋下降综合征油乳剂灭活苗,可有效预防本病。

在发病鸡群饲料中提高多种维生素和蛋氨酸的用量,同时添加抗生素以防止输卵管发炎,有利于鸡群的康复。

(七)禽 流 感

禽流感又称真性鸡瘟、欧洲鸡瘟,是A型流感病毒引起的一种烈性传染病。本病一旦传入鸡群,会造成巨大的经济损失。

1. 症状和病变　病鸡精神沉郁，食欲减退，消瘦，有时出现呼吸道症状，如咳嗽、打喷嚏、啰音、流泪等。

病鸡眼睑、头部水肿，肉冠、肉髯肿胀、出血、发紫、坏死，脚部出现蓝紫色血斑，有时出现头颈抽搐或向后扭转的神经症状。

产蛋鸡群产蛋率下降，蛋壳粗糙，软壳蛋、褪色蛋增多。

机体脱水、发绀。气管充血，有黏性分泌物。内脏浆膜黏膜、冠状脂肪、腹部脂肪有点状出血。腺胃乳头溃疡出血，肌胃内膜易剥落，皱褶处有出血斑。肠道广泛性出血和溃疡，充满脓性分泌物。肝脏、脾脏肿大出血，肾肿大。法氏囊水肿呈黄色，气囊有干酪样分泌物。

产蛋鸡腹腔内卵黄破裂，卵泡变形、充血、萎缩，输卵管内有白色黏稠分泌物。

2. 防治措施　加强饲养管理，杜绝本病的传入。

对发病鸡群迅速做出诊断，封锁疫区，销毁发病鸡群。本病常并发或继发大肠杆菌等细菌病，对发病的鸡群要用抗菌药物防止继发感染。

由于禽流感病毒易于发生变异及各种血清型之间交叉免疫性也较弱，因此应用疫苗进行预防时，要选用流行毒株。

（八）禽脑脊髓炎

禽脑脊髓炎是由小 RNA 病毒引起的主要侵害雏鸡中枢神经系统的一种传染病。

1. 症状和病变　病鸡精神不振，随后出现共济失调、头颈震颤、步态异常。有时扑打翅膀，以跗关节和胫关节着地行走，严重者则侧卧瘫痪在地。初期病鸡仍保持正常的饮食欲，继而病鸡完全麻痹后，无法饮食及互相踩踏而死亡。

病鸡耐过后，生长发育迟缓，出现一侧或两侧眼球的晶状体混浊或褪色，内有絮状物，瞳孔光反射弱，眼球增大失明。

产蛋鸡感染后，采食、饮水、死淘率无明显变化，只表现为产蛋率下降，蛋重变小，蛋壳颜色、蛋壳厚度等均无异常，1周左右开始回升，产蛋曲线呈"V"形。

一般剖检无明显病变，仅能见到脑部轻度充血，少数鸡肌胃层中散在有灰白区。成年鸡发病无上述变化。

2. 防治措施 种鸡群于80日龄左右用禽脑脊髓炎弱毒疫苗进行刺种或饮水免疫，母源抗体可对雏鸡提供保护作用。

感染发病的种鸡群，1个月内的种蛋不能用于孵化。出壳后不久雏鸡即发生本病时，该孵化机应停孵3周，彻底消毒后才能使用。

发病严重的雏鸡应及时淘汰，感染过本病的鸡群具有坚强免疫力。不需接种疫苗，饲料中添加抗菌药物和抗病毒药可缓解病情。

（九）传染性喉气管炎

传染性喉气管炎是由疱疹病毒引起的鸡的一种急性呼吸道传染病，主要见于成年鸡，以发病急、传播快、呼吸困难、咳出血痰为特征。

1. 症状和病变 发病初期，鸡群中少数鸡突然死亡，继而部分鸡发生流泪、结膜炎、鼻腔流出黏稠渗出物等症状。经1～2天后，大部分鸡出现伸颈张口呼吸、气喘、打喷嚏等呼吸道症状，同时出现体温升高、食欲减退、精神委顿、鸡冠变紫、腹泻等症状。

出现典型的呼吸道症状时，病鸡有强咳动作，时常咳出血痰，病鸡往往因气管内渗出物不能咳出而窒息死亡，病程常为10～14天。

产蛋鸡发病时，产蛋量下降，蛋壳褪色，软壳蛋增多，约1个月后恢复正常。死亡率为10%～20%。幼龄鸡发病后，症状不典型，仅见结膜炎、气喘、呼吸啰音等，死亡率较低。

本病剖检特征性病变是喉头、气管黏膜肥厚、潮红，有出血点；喉头、气管覆盖一层血染的渗出物，有时喉头和气管完全被黄色干酪样物及血块充满，干酪样物易剥离。慢性病例可见眼睑及眼下窦肿胀、充血，切开可见干酪样渗出物。产蛋鸡卵巢异常，卵泡发软、出血等。

2. 防治措施　加强饲养管理，防止病原侵入。一旦发病对幸存鸡群严格管理，采取全进全出制，以免幸存鸡带毒传播。

污染鸡场在 35～40 日龄和 100 日龄左右，用传染性喉气管炎活苗免疫。免疫最佳方式是涂肛，弱毒苗也可进行滴鼻、点眼免疫，但点眼免疫应防止继发性眼炎。一般不采取饮水或喷雾免疫。

发病鸡群的治疗：

第一，在发病初期用传染性喉气管炎活苗紧急接种，可控制疫情。或者用抗本病的高免血清做紧急接种也有良好效果。

第二，饲料中添加抗菌药物，防止其他细菌病的继发感染。

第三，饲料中多种维生素加倍添加，消除应激反应。

第四，对呼吸困难的鸡可用氢化可的松和青、链霉素混合喷喉，以缓解呼吸道症状，能大大降低死亡率。氢化可的松 2 毫升＋青、链霉素各 5 000 单位＋生理盐水至 10 毫升，每只喷 0.5 毫升。

二、常见细菌性疾病

(一)鸡大肠杆菌病

鸡大肠杆菌病是由致病性大肠埃希氏杆菌引起的一种传染病。该病的血清型较多，临床表现复杂多样。该病为条件性传染病，多继发或并发于其他疾病。

1. 症状和病变

(1) **大肠杆菌性败血症**　6～10 周龄肉鸡多发，病死率为

5%～20%。特征性病理变化是纤维素状心包炎，心包膜变厚、混浊，心包积液。肝脏明显肿胀，表面有白色胶冻样或纤维素性渗出物，肝有白色坏死点或坏死斑。脾脏充血、肿胀。气囊混浊，肥厚。

(2)出血性肠炎　病鸡主要表现下痢，并带有血液。剖检可见肠黏膜出血和溃疡，一般呈散发，致死率较高。

(3)大肠杆菌性肉芽肿　特征是在小肠、盲肠、肠系膜及肝等部位出现结节性肉芽肿病变，病死率较高。

(4)脐炎　主要发生在出壳初期。病雏脐孔红肿、开张，后腹部胀大，呈红色或青紫色，粪便黄白色、稀薄、腥臭，病雏委顿、废食，出壳最初几天死亡较多。剖检可见卵黄吸收不良，囊壁充血，内容物黄绿色。肝呈土黄色，肿胀，质脆，有斑状或点状出血。肠黏膜充血或出血。

(5)卵黄性腹膜炎　主要发生于产蛋鸡，一般呈散发。

病鸡产蛋停止，鸡冠发紫，排黄绿色粪便，死亡的病鸡多体膘良好。剖检可见腹腔内布满蛋黄凝固的碎块或蛋黄液，味恶臭，肝脏褐色，有的病鸡输卵管内有黄白色干酪样物。

(6)全眼球炎　在发生大肠杆菌性败血症的同时，另有部分鸡眼睑肿胀、流泪、羞明、角膜混浊，眼球萎缩而失明。

2. 防治措施　大肠杆菌为条件性致病菌，广泛存在于自然界中。对大肠杆菌病的控制主要依靠饲养管理来排除发病诱因。种蛋的收集、消毒和孵化应严格按照卫生要求进行，以杜绝本病的发生。

并发和继发感染是本病的特点，如支原体病被净化的鸡群，可减少大肠杆菌病引起的呼吸道感染和败血症。做好鸡新城疫、法氏囊病、传染性支气管炎等传染病的免疫预防，间接地起到防制大肠杆菌感染的作用。

由于一些鸡场平时经常使用抗菌药物，致使大肠杆菌对这些药物具有不同程度的耐药性。因此，用药前，最好先分离病原菌做药敏试验，以便选择最敏感的药物，若暂无条件做药敏试验，则可选用平时未曾使用过的抗菌药物。

对大肠杆菌病发病严重的鸡场，可用本场大肠杆菌分离株制备多价灭活菌苗或油佐剂苗进行免疫预防。一般在 3 周龄和 17 周龄各注射 1 次。

给鸡群经常饲喂一些有益的肠道菌群，如 EM 制剂等，可抑制肠道内有害菌的繁殖，减少大肠杆菌等细菌病的发生。

（二）鸡 白 痢

鸡白痢是由鸡白痢沙门氏菌引起的雏鸡的一种急性败血性传染病。

1. 症状和病变　带菌蛋在孵化期出现死胚或弱雏，雏鸡出壳后即可发病，孵化器内或出生时感染的雏鸡在 2～7 日龄开始发病并出现死亡，10 日龄左右达死亡高峰，20 日龄后发病鸡迅速减少。

雏鸡表现为精神委靡，食欲废绝，羽毛逆立，两翅下垂，缩颈闭目，怕冷，常靠近热源或堆挤在一起。排白色糊状粪便，常粘在肛门周围的羽毛上，堵塞肛门，致使不能排粪，病雏“吱吱”叫，焦急不安。急性病例不发生下痢就可死亡。

成年鸡感染常无临床症状，产蛋率与受精率下降，有极少数鸡表现精神委顿，排稀粪，出现“垂腹”现象。

出壳后 5 天内死亡的雏鸡，病变不明显，只见肝肿大、发黄，脾肿大，卵黄吸收不良。病程稍长的鸡可见嗉囊空虚，肝、脾肿大，肝脏呈土黄色，表面有少量针尖大小的坏死灶；心肌和肺表面有灰白色增生结节。盲肠膨大，有干酪样栓子。

成年母鸡主要表现为卵泡萎缩、变形、变色，有腹膜炎。成年公鸡睾丸萎缩，输精管管腔增大，充满稠密渗出物。

2. 防治措施　种鸡场必须进行全群检测，开产前进行 1～3 次的检测，及时淘汰阳性鸡，净化种鸡群；对鸡舍和用具要经常消毒，种蛋收集后及时消毒，加强孵化室的消毒、防疫工作。

鸡白痢主要发生在育雏早期，所以购买苗鸡时一定要选无鸡白痢的种鸡场。保证育雏温度、湿度和营养。在育雏早期应用敏感药物进行预防。

鸡群发病后要在饲料或饮水中添加敏感药物，同时加强管理。康复后的种鸡应投用敏感药物以降低带菌率。

利用生物竞争排斥的现象预防沙门氏菌病亦有较好效果，如通过饲喂乳酸杆菌、粪链球菌、蜡样芽孢杆菌等制剂，使其占有一定生长位置，从而抑制沙门氏菌的生长繁殖。目前，常用的有促菌生、EM 制剂等。

(三)鸡传染性鼻炎

鸡传染性鼻炎是由副鸡嗜血杆菌引起的鸡的一种急性呼吸道传染病。

1. 症状和病变 病鸡食欲减退，精神不振。特征症状为流鼻液，脸部水肿，流泪，公鸡肉髯肿胀。病的中后期，有呼吸困难、啰音、腹泻等症状。病愈仔鸡生长发育不良。

产蛋鸡感染后，产蛋率下降，体重下降，死亡率很低。

剖检可见鼻腔及眶下窦充满水样灰白色黏稠性分泌物或黄色干酪样物，黏膜发红、水肿。产蛋鸡卵泡变形、出血、易破裂，有时坠入腹腔引起腹膜炎。

2. 防治措施 加强饲养管理，降低饲养密度，加强通风，减少应激。

用鸡传染性鼻炎油乳剂灭活疫苗免疫接种，一般 5～8 周龄首次免疫，开产前二次免疫。

发病鸡群治疗：多种抗生素和磺胺类药物治疗都有良好效果，一般常用磺胺类药物拌料，链霉素、庆大霉素等药物肌内注射。药物治疗用量要足，疗程要足够，否则易复发。

(四)禽霍乱

禽霍乱又称禽巴氏杆菌病、禽出血性败血病，是由多杀性巴氏杆菌引起的禽的急性致死性传染病。

1. 症状和病变

(1)最急性型　常见于本病流行初期或新疫区，多发生于个别体质肥壮、高产的母鸡，病程很短，突然死亡，看不到明显的症状和病变。

(2)急性型　较常见，多发生于流行中期。病鸡精神委顿，废食，离群呆立，体温升高，羽毛松乱，缩颈闭目，呼吸困难，常从鼻孔、嘴中流出黏液，冠和肉垂肿胀发紫。常有剧烈腹泻，粪便呈黄绿色。剖检可见皮下组织和腹腔脂肪、肠系膜、浆膜、生殖器官等处有大小不等的出血斑点。整个肠道有充血、出血性炎症，尤以十二指肠最严重。肝肿大、质脆，表面散布着针尖大小的灰黄色或灰白色坏死点，有时有点状出血。

心冠脂肪、心内膜有大小不等的出血点。产蛋鸡卵泡严重充血、出血、变形，呈半煮熟状。

(3)慢性型　常见于流行后期或老疫区，也可由急性转变而来。病鸡表现精神沉郁。食欲不振，冠和肉髯苍白肿大，眶下窦、关节肿胀，跛行，部分鸡出现耳部或头部病变，引起歪颈，有的发生持续性腹泻。病鸡日益消瘦，病程较长，关节肿大、变形，有炎性渗出物和干酪样坏死。带菌者生产性能长期不能恢复。

血液涂片或组织触片，用美蓝或瑞氏染色后油镜观察，可见两极浓染的巴氏杆菌。

2. 防治措施　加强饲养管理，减少应激反应，尤其要加强饮水管理，防止病原从污染的饮水中传入鸡群。

做好免疫工作，3～5 周龄首次免疫，皮下注射禽霍乱灭活油苗 0.5 毫升；10～15 周龄时二次免疫，皮下或肌内注射禽霍乱灭活油苗 0.5 毫升。

发病后可用药物进行治疗。用药时注意剂量要合理，疗程要足够，为防止产生耐药性可选择几种药物交替使用。

（五）鸡葡萄球菌病

鸡葡萄球菌病是由金黄色葡萄球菌引起的鸡的一种急性败血性或慢性传染病。

1. 症状和病变 病鸡精神沉郁，不爱活动。胸腹部、翅膀内侧皮肤发红、出血，有浆液性渗出物，呈现紫黑色的水肿，用手触摸有明显波动感，皮肤破裂时，流出紫红色有臭味的液体。胫跗关节及其邻近的腱鞘肿胀，表现为化脓性关节炎和骨髓炎。关节肿大、发热，关节头有坏死。有的出现趾瘤，脚底肿大、化脓。病鸡站立困难，以胸骨着地。

初生雏鸡发生脐带炎，脐孔发炎肿大，腹部膨胀，皮下充血、出血，有黄色胶冻样渗出物，俗称“大肚脐”。

内脏型葡萄球菌病鸡的肝脏、脾脏及肾脏密集大小不一的黄白色坏死点，腺胃黏膜有弥漫状出血和坏死。

鸡群发生鸡痘时可继发本病，在许多部位出现皮肤炎症；此外，还易继发葡萄球菌眼炎，导致眼睑肿胀，有大量脓性分泌物。鸡舍内灰尘太多及氨气浓度过大时也容易引起葡萄球菌性眼炎。

2. 防治措施 加强饲养管理，防止皮肤黏膜损伤。

在鸡痘高发季节要做好鸡痘的防疫工作。发生葡萄球菌眼炎时，采用青霉素或庆大霉素等抗生素点眼治疗，饲料中维生素 A 添加量加倍。

鸡群发病后，可用庆大霉素、青霉素、新霉素等敏感药物进行治疗，同时加强鸡舍内环境消毒。

（六）坏死性肠炎

坏死性肠炎是由魏氏梭菌产生的毒素引起鸡的肠黏膜坏死的

一种急性传染病。

1. 症状和病变 病鸡精神沉郁，不愿走动，羽毛蓬乱，食欲减退，粪便呈红色或暗黑色。病程较短、常呈急性死亡，慢性病鸡消瘦，在足部有出血症及坏死性病灶。小肠后段（空肠、回肠）和部分盲肠的肠管肿胀，黏膜上覆有黄色或绿色假膜，肠有出血、坏死或纤维素性坏死；有的大肠壁坏死灶中央凹陷，甚至引起肠壁穿孔，形成腹膜炎和肠粘连。肝、脾肿大，出血。

2. 防治措施 采取综合性防治措施，尤其是青年鸡的饲料配方中鱼粉、小麦的含量不宜高。另外，杆菌肽、乳酸杆菌和莫能菌素等都是小肠中魏氏梭菌的重要拮抗剂。

发生本病后，抗生素治疗有一定疗效。如果病情没有得到控制，就要分析药物品种、药量和用药时间是否敏感或正确

三、常见寄生虫病

（一）鸡球虫病

鸡球虫病是由艾美耳科的各种球虫寄生于鸡的肠道引起的疾病，2 月龄内雏鸡易感。病鸡表现为消瘦、贫血和血痢，轻度感染和耐过的鸡生长发育严重受阻，并降低对其他疾病的抵抗力。本病分布很广，对养鸡业危害十分严重。

1. 流行特点 各种品种的鸡均有易感性，多发生于幼龄鸡，发病率和死亡率均很高。成年鸡对球虫也敏感，地面平养鸡易发生。

病鸡是主要传染源，污染的饲料、垫料、饮水、土壤或用具等均有卵囊存在，感染途径主要是鸡吃了感染性的卵囊。本病在温暖潮湿的季节易发生流行。

鸡舍潮湿、通风不良、鸡群拥挤、维生素缺乏以及日粮营养不

平衡等，都能促使本病的发生和流行。

2. 症状和病变

(1)盲肠球虫　多见于1月龄左右幼鸡，病鸡表现为精神沉郁，食欲废绝，羽毛松乱，鸡冠及可视黏膜苍白，逐渐消瘦，贫血和腹泻，粪便中带有少量血液。剖检可见盲肠肿大，充满血液或血样凝块，盲肠黏膜增厚，有许多出血斑和坏死点。产蛋鸡可引起盲肠出血、肿大，有小球虫结节。

(2)小肠球虫　常见于2月龄左右幼鸡，主要侵害小肠中段，可引起出血性肠炎，病鸡表现为精神委靡，排出大量的黏液样棕褐色粪便。耐过鸡营养不良，生长缓慢。剖检可见肠管呈暗红色肿胀，切开肠管可见充满血液或血样凝块，黏膜有大量出血点，与球虫增殖的白色小点相间，肠壁增厚、苍白、失去正常弹性。

慢性球虫常见于2～4月龄的青年鸡或成鸡，病鸡逐渐消瘦，贫血，间歇性下痢，产蛋量减少，病程长，死亡率较低，主要病变是肠道苍白、肠壁增厚、失去弹性。

3. 防治措施　鸡群要全进全出，鸡舍要彻底清扫、消毒，雏鸡和成鸡要分开饲养，保持垫料的干燥和清洁卫生，加强日常饲养管理。

在经常发生球虫病的鸡场，要用药物预防。抗球虫药物应从12日龄后就开始给药，坚持按时、按量给予，特别在阴雨连绵或饲养条件差时更不可间断。发病后要及时用药，药量不宜过大，应至少保持1个疗程。同时，在饮水中添加速溶性多种维生素，尤其是维生素K，每升饮水添加3～5毫克。对病情严重的鸡肌内注射青霉素，每千克体重3万～5万单位。球虫很容易产生耐药性，最好几种药物交替使用。常用抗球虫药有百球清、盐霉素、马杜霉素、球痢灵、氨丙啉、磺胺氯吡嗪钠等。

现在许多鸡场都在用球虫疫苗免疫雏鸡，使其对球虫产生抵抗力，效果很好。一般在4～10日龄以拌料或料上喷洒的方式给雏鸡喂服球虫疫苗，用疫苗后料中不能添加抗球虫药，抗生素类药也尽量少用，垫料保持一定的含水量。应用球虫强毒株疫苗应在10日后以每升水中加入60毫克的氨丙啉饮水2天，以防止球虫病的暴发。

(二)鸡住白细胞虫病

鸡住白细胞虫病是由住白细胞虫寄生于鸡的红细胞和单核细胞而引起的鸡的贫血性疾病。我国常见的是卡氏住白细胞虫病。该病常发生于夏、秋季节，主要由库蠓叮咬而传播。

1. 症状和病变　病鸡精神沉郁，食欲减退，贫血，肉冠苍白，下痢，粪便呈黄绿色，脚软或轻瘫。部分病鸡口流鲜血。

成年母鸡产蛋率下降，时间可长达1个月。

剖检死亡病鸡可见尸体消瘦，冠白，血液稀薄，肝、脾肿大、出血，肺、肾等内脏器官出血，胸肌、腿肌有出血点或出血斑。

病鸡心外膜、腹脂、胸和腿部肌肉及肝、脾等表面，有针尖至粟粒大小的与周围组织有明显分界的灰黄色小结节，把它挑出，压片，染色镜检，可见裂殖体和裂殖子。

2. 防治措施　在流行季节，鸡舍内外、纱窗应喷洒7%马拉硫磷等药物，以杀灭库蠓，切断传播途径。

发病鸡群用磺胺二甲氧嘧啶、磺胺-6-甲氧嘧啶、复方新诺明等药物拌料进行治疗，连用3～5天有较好的治疗效果。

在流行地区、流行季节添加药物进行预防，可收到良好效果。

每升水加3～5毫克的维生素K，连用10天，以增强抵抗力。

(三)传染性盲肠肝炎

传染性盲肠肝炎又称黑头病、组织滴虫病，是鸡的一种急性原虫病。主要特征是盲肠出血肿大，肝脏表面有钮扣状坏死溃疡灶。

1. 症状和病变　病鸡表现精神不振，食欲减退，腹泻，粪便呈淡黄色或淡绿色，严重者带有血液，有病鸡头部皮肤变成蓝紫色，故有“黑头病”之称。

病鸡主要表现为盲肠和肝脏严重出血坏死。盲肠肿大，肠壁肥厚似香肠，内容物为干燥、坚实的栓子，横切开栓子，切面呈同心圆状，中心为黑色的凝固血块，外面包裹着灰白色或淡黄色的渗出物和坏死物质。肝肿大，表面有特征性钮扣状凹陷坏死灶。

病愈鸡的粪便中仍带有原虫，带虫时间可达数周或数月。5月龄以上成年鸡很少出现临床症状。

2. 防治措施 加强饲养管理，幼鸡和成鸡要分开饲养，定期驱除鸡群中的异刺线虫。

发病鸡群的治疗：可选用替硝唑等拌料治疗，同时以左旋咪唑每千克体重25～40毫克，驱除体内异刺线虫。

为防止其他细菌性疾病的继发，可适当添加广谱抗菌药物加以预防。

（四）鸡蛔虫病

鸡蛔虫病是禽蛔科的线虫寄生于鸡肠道引起的疾病，常影响鸡的生长发育，甚至引起死亡。

1. 症状和病变 患蛔虫病的鸡群，起病缓慢，开始阶段鸡群不断出现贫血、瘦弱的鸡。患病鸡群排的粪便以肉红色、绿白色多见，同时，鸡群中死鸡迅速增多。病、死鸡十分消瘦、贫血，病鸡宰杀时血液十分稀薄，病变部位主要在十二指肠，整个肠管均有病变，肠黏膜发炎出血，肠壁上有颗粒状化脓灶或结节形成。小肠、肌胃中可见到大小不等的蛔虫，严重者可把肠道堵塞。

2. 防治措施 大力提倡并实行网上饲养、笼养，使鸡脱离地面，减少接触粪便、污物的机会，可有效预防蛔虫病的发生。平养鸡定期做好驱虫工作，可用左旋咪唑每千克体重40毫克，一次口服。用药一般在傍晚进行，次日早上把排出的虫体、粪便清理干净，防止鸡再啄食虫体又重新感染。

(五)鸡羽虱

羽虱主要寄生在鸡羽毛和皮肤上，是一种永久性寄生虫。

1. 症状和病变　普通大鸡虱主要寄生在鸡泄殖腔下部，严重感染时可蔓延到胸部、腹部和翅膀下面，除以羽毛的羽小枝为食外，还常损害表皮，吸食血液，因刺激皮肤而引起发痒；羽干虱一般寄生在羽干上，咬食羽毛，导致羽毛脱落；头虱主要寄生在鸡的头部，其口器常紧紧地附着在寄生部位的皮肤上，刺激皮肤发痒，造成鸡秃头。羽虱大量寄生时，患鸡奇痒，不安，影响采食和休息。因啄痒而造成羽毛折断、脱落及皮肤损伤，鸡体消瘦，贫血，生长发育迟缓，产蛋鸡产蛋量下降，严重的引起死亡。

2. 防治措施

第一，用氰戊菊酯、二氯苯醚菊酯或百虫灵等杀虫药喷洒鸡体，同时对鸡舍、笼具及料槽、水槽等用具及环境也要喷洒药物，隔10天用药1次，连用3次。

第二，用伊维菌素或阿维菌素按说明拌料一次吃完，注意拌料要均匀，间隔1周再用1次，效果很好。

四、其他常见疾病

(一)鸡慢性呼吸道病

是由鸡感染败血支原体引起的一种以咳嗽、流鼻液、呼吸啰音、窦部肿胀为特征的慢性呼吸道病。

1. 症状和病变　本病病程较长，病鸡主要表现脸肿及眶下窦炎，在眶下窦处可形成大的硬结节，眼流泪，有泡沫样液体，眼内有干酪样渗出物，打喷嚏，咳嗽，呼吸困难，有啰音，死亡率较低。解剖可见鼻腔、眶下窦黏膜水肿、充血、出血，窦腔内充满黏液和干酪样渗出物，心包增厚、灰白，气囊混浊，有黄色干酪样物。和大肠杆菌混合感染时，易发生气囊炎、心包炎、腹膜炎。

产蛋鸡感染，表现轻微产蛋率下降，无明显症状。

滑液囊支原体感染时，病鸡表现肉冠黄白、跛行、瘫痪和发育不良。跖底肿胀，切开有奶油样或干酪样渗出物。关节肿胀，内有黄褐色渗出物。

2. 防治措施 加强饲养管理，注意通风换气，避免各种应激反应。

种鸡场应进行支原体净化。一般在 2、4、6 月龄时，各进行 1 次血清学检测，淘汰阳性鸡。

支原体单独感染时，鸡群损失较少，但与新城疫、传染性支气管炎、大肠杆菌病、传染性鼻炎等病混合感染时，损失较大。所以，必须做好上述等病的预防。

败血支原体和滑液囊支原体均已研制出疫苗，常用免疫程序：15～20 日龄颈部皮下注射 0.3 毫升鸡慢性呼吸道病灭活油苗；开产前皮下注射 0.5 毫升鸡慢性呼吸道病灭活油苗。

发病鸡群的治疗：饲料中添加敏感药物如红霉素、泰乐菌素、恩诺沙星等，同时饲料中多种维生素添加量加倍。

用药期间必须结合饲养管理和环境卫生的改善，消除各种应激因素，方能收到较好效果。

(二)曲霉菌病

曲霉菌病是多种禽类都能感染的一种霉菌性疾病，幼雏易感，常呈急性暴发，有较高的发病率和病死率。

1. 症状和病变 雏鸡感染呈急性，表现精神沉郁，食欲减退，羽毛蓬乱，眼闭合，呈昏睡状。呼吸困难，打喷嚏，流泪，流鼻液，病后期发生腹泻，有的出现神经症状，如歪头、麻痹、跛行。急性病例致死率可高达 50%以上。

育成鸡感染表现食欲不振，精神沉郁，闭目呆立呈昏睡状，腹泻，消瘦，腿爪干瘪。

产蛋鸡感染，多呈慢性经过，病死率较低，产蛋率下降，蛋壳褪色。胚胎感染后，可使胚胎死亡或孵出弱雏，出壳后几天内即死亡。

剖检可见肺或气囊壁上出现小米粒至硬币大小的霉菌结节，肺结节呈黄白色或灰白色，胃肠黏膜有溃疡和黄白色霉菌灶，腺胃乳头消失或肿大为结节状，嗉囊常见溃疡或形成假膜。有些病鸡脑、肾脏等实质器官有霉菌结节。

2. 防治措施 禁止使用发霉或被霉菌污染的垫料和饲料，加强鸡舍的通风换气。

雏鸡发病后，首先要找出感染霉菌的来源，并及时消除之，如更换发霉的饲料和垫料，清扫、消毒环境等，在此基础上进行治疗才能奏效。

药物治疗：每千克饲料加制霉菌素50万单位，连用数天；饮水中加入0.05%硫酸铜或0.3%碘化钾溶液，有较好的治疗效果；饮水中加入5%葡萄糖及0.1%维生素C有解毒及提高鸡体抵抗力的作用。

（三）鸡恶嗜癖

鸡恶嗜癖包括啄肛、啄羽、啄趾、啄蛋等异常行为表现，其中以啄肛的危害最严重，常将肛门周围及泄殖腔啄得血肉模糊，甚至将肠道啄出吞食，造成被啄鸡的死亡。当这种恶嗜癖严重时，常造成严重的经济损失。

1. 病因 ①最重要的是日粮营养不全，含量不合理，缺乏矿物质和必需氨基酸；②饲养密度大，无运动场地；③多批鸡混养，强弱不一；④运动地方小或舍内无沙浴池，又不喂沙粒等；⑤光照过强，照明时间太长；⑥中途放进新鸡或某鸡因打斗受伤等。

2. 防治措施 ①要到现场进行调查和分析，找出发生恶嗜癖的主要原因，并努力消除这个因素。②将染有恶癖的鸡和被啄的鸡及时挑出、隔离，以免恶癖蔓延。在被啄鸡的伤口涂上紫药水或四环素软膏。③加强饲养管理，提高整齐度，减少矮胖鸡，防止产蛋鸡脱肛。鸡群要及时分群，饲养密度不宜过大，加强通风换气，改善鸡舍环境。④饲料营养全价，供应充足的蛋白质和微量元素。⑤发生啄癖时，可在鸡舍暂时换上红色灯泡或窗户上挂上红布帘子，使舍内形成一种红色光线，雏鸡就不容易看清蹼足上的血管或血迹。也可将瓜菜吊在适当高处，让鸡啄食，或悬挂乒乓球等玩具，转移啄癖鸡的注意力。若光线太强可在鸡舍窗户上蒙一层黑色帘子，对预防啄癖有一定作用。⑥平时进行断喙，是防止啄癖的有效措施。断喙时一定要到位，形成下喙比上喙长。⑦发病鸡群饲料中添加2%石膏，连用1周左右；也可在饮水中添加1%的食盐，但时间不能长，以免发生食盐中毒。在饲料中添加蛋氨酸、羽毛粉、硫酸亚铁、硫酸钠、啄羽灵、啄肛灵等，在某些情况下也有效果。

(四)痛　风

鸡痛风病是由于蛋白质代谢障碍和肾脏受损伤使其代谢产物尿酸或尿酸盐大量在体内蓄积而引起的以消瘦、衰弱、关节肿大、运动障碍和高尿酸血症等症状为特征的疾病。有关节型和内脏型之分。本病无季节性，多呈群发病，一般为慢性经过，急性发病死亡者少数。

1. 病因　痛风是一种多病因的疾病，尿石症及内脏痛风是由肾脏病理损害而导致。

(1)品种敏感性　某些品种(系)的鸡对尿石症较为敏感，不同品种的鸡痛风发生率不同，其对传染性支气管炎病毒或酸、碱的抵抗性不同。

(2)传染性支气管炎病毒　传染性支气管炎病毒中的某些毒

株能引起鸡痛风、尿石症，这些病毒可引发肾炎，如果肾小管损伤严重则可能导致痛风。如饲喂高蛋白质和蛋白质不平衡的日粮，其对传染性支气管炎病毒肾炎的感染率升高。

(3)霉菌毒素　黄曲霉毒素、节卵泡霉毒素和橘霉毒素是具肾毒性的霉菌毒素，能造成一种肾损害和内脏痛风。

(4)饲喂蛋白质饲料过多　饲料中蛋白质含量过高或在饲喂正常的配合饲料之外又过多地喂给肉粉、鱼粉、豆粕等高蛋白质饲料，使鸡血液中尿酸浓度升高，大量尿酸经肾脏排出，使肾脏负担加重而受到损害，功能减退，于是尿酸排泄受阻，在血液中的浓度更高，形成恶性循环，结果发生尿酸中毒并生成尿酸盐沉积在肾脏、输尿管等许多部位，引起痛风病的发生。

(5)饲料中钙、磷过高或比例不当　常在鸡体内生成钙盐如草酸钙等，经肾脏排泄，日久也会损害肾脏引起痛风。

(6)饲料中维生素不足　会使肾小管和输尿管的黏膜角质化并脱落，造成尿路障碍，血液中的尿酸不能顺利排出而引起痛风。

(7)疾病因素　肾炎、肾型传支、传染性法氏囊病、雏鸡白痢等均可引起肾损伤而继发痛风症状。

(8)不合理使用某些抗生素　如磺胺类药物用量过大或用药时间过长会损害肾脏和结晶沉淀，引起痛风。

(9)其他因素　饲养密度大，运动不足，禽舍阴暗、潮湿，饲料变质、盐分过高，缺水，育雏温度过高或过低等因素均可成为促进本病发生的诱因。

2. 症状和病变　病鸡食欲减退，精神不振，脱水和跛行是传染性支气管炎病毒感染引起的肾炎和痛风的常见症状。

本病大多为内脏型，少数为关节型，也有的两型混合。

(1)内脏型痛风　病鸡精神、食欲不振，消瘦、贫血，鸡冠萎缩、苍白，周期性体温升高，心跳加速，粪便稀薄，内含大量白色尿酸盐，呈淀粉糊样。泄殖腔松弛，粪便经常不能自主地排出，污染泄殖腔下部的羽毛。个别鸡呼吸困难,甚至出现痉挛等神经症状,多呈衰竭死亡。剖检可见肾脏肿大,颜色变浅,肾小管受阻使肾脏表面形成花纹。输尿管明显变粗,且粗细不匀、坚硬,管腔内充满石灰样沉积物。心、肝、脾、肠系膜及腹膜都覆盖一层薄膜状的白色尿酸盐,血液中尿酸及钾、钙、磷的浓度升高,钠的浓度降低。

(2)关节型痛风　发生较少,尿酸盐在腿、足和翅膀的关节腔内沉积使关节肿胀疼痛,活动困难,后期双腿无力,不愿走动,不久便卧地死亡。夜间死亡数明显比白天多。剖检可见脚趾和腿部关节肿胀,关节软骨、关节周围组织、滑膜、腱鞘、韧带及骨髓等部位,均可见白色尿酸盐沉着。沉着部位可形成致密坚实的痛风结节,多发于趾关节。关节内充满白色黏稠液体,严重时关节组织发生溃疡、坏死。尿酸盐大量沉着可使关节变形,形成痛风石。鸡群发生内脏型痛风时,少数病鸡兼有关节病变。

痛风大多发生于母鸡,使母鸡产蛋量下降,甚至完全停产,公鸡较少发生。

3. 防治措施　本病发生后,有效的治疗方法并不多,故需要根据不同的病因采取综合措施,以防为主。

①科学合理配料,保证饲料的质量和营养的全价,防止营养失调,保持鸡群健康。

②加强饲养管理,减少痛风发生的诱因。防止饲养密度过大,供应充足饮水,合理光照,保证鸡舍内良好的卫生环境。

③根据说明或者医嘱合理使用药物,不要长期使用或过量使用对肾脏有损害的药物及消毒剂,如磺胺类药物、庆大霉素、卡那霉素、链霉素等。

④做好诱发该病的其他疾病的防治。

⑤鸡痛风症一旦发生,应积极查找病因,同时采用对症疗法可收到一定效果。其关键是解决肾脏排泄障碍,临床上以疏通尿道为原则。药物治疗时,注意在日粮中补充多种维生素,可增强

疗效。

(五)鸡脂肪肝综合征

脂肪肝综合征是由于营养障碍、内分泌失调、脂肪代谢紊乱等原因而引起的脂肪沉积增多的一种特殊类型的脂肪肝,又称脂肪肝出血症。本病是笼养鸡的多发病,尤其是重型鸡及肥胖鸡易发。

1. 病因 笼养鸡摄入过高的能量日粮而不进行限饲,导致脂肪过度沉积是主要原因。此外,鸡体内激素失调,饲料中微量元素硒缺乏,饲料中含有大量黄曲霉素,喂过量的菜籽饼(含芥子酸)等也可成为诱发本病的病因。

2. 症状和病变 鸡多数过肥,腹部膨大。暴发时,突然发生产蛋下降,笼养鸡比平养鸡多发,死亡率往往不到5%。发病初期,鸡群看似正常,但高产鸡的死亡率增高,病鸡喜卧,腹大而软绵下垂,冠和肉髯大而苍白。死亡鸡肝脏呈土黄色,质脆易裂,常见出血块凝集于腹腔内。

3. 防治措施 淘汰病情严重、无治疗价值的鸡,主要是对病情较轻和可能发病的鸡群采取措施。合理搭配饲料,降低饲料能量和限制采食。加强饲养管理,防止饲料变质,避免应激。查出病因,调整不合理饲料日粮,饲料中补加维生素 B_{12}、胆碱和维生素E,当出现脂肪肝综合症时,每千克饲料中补加胆碱22～110毫克,治疗1周。

(六)笼养蛋鸡产蛋疲劳症

笼养蛋鸡产蛋疲劳症又称笼养蛋鸡骨质疏松症、笼养鸡瘫痪症,是笼养产蛋鸡的一种全身性骨骼疾病。该病几乎发生在所有笼养产蛋鸡群中,产蛋期发病率为1%～10%,常发生于产蛋高峰期。该病一年四季均可发生,尤其是夏季的高温引发鸡群热应激、采食量下降更可诱发此病,使发病率提高到15%～20%。

1. 病因 笼养蛋鸡疲劳症主要由于严重缺钙而引起。高产蛋鸡体重轻、采食量小、饲料利用率高和性成熟早，钙源无法满足蛋壳形成及维持骨骼强度所需，导致钙负平衡；过度粉碎的石灰粉钙的利用率较低；炎热季节蛋鸡采食量减少而饲料中钙水平未相应增加；长期持续高产需要较多的钙等，都可能导致笼养鸡疲劳症。

钙磷比例失调，饲料中磷含量在临界值（总磷 0.5%）以下，容易在初产蛋鸡群中诱发此病，而低钙高磷日粮则可能导致营养继发性甲状旁腺功能亢进，使骨钙耗尽。

光照不足，笼养鸡长年在鸡舍内饲养，接受阳光照射的机会很少，因此不能通过自身合成维生素 D，这样就影响了机体对钙的吸收，导致机体缺钙。

运动不足，笼养蛋鸡由于活动空间小，运动不足，不能正常蹲伏，加之网眼比较大且呈斜坡状，趾部受力不匀，导致腿部肌肉、骨骼发育不良，从而产生疲劳症。

2. 临床症状 产蛋鸡突然死亡，输卵管中常有软壳蛋或硬壳蛋。发病初期产软壳蛋、薄壳蛋，鸡蛋的破损率增加，但食欲、精神、羽毛均无明显变化。之后出现站立困难、爪弯曲、共济失调。如及时发现，采取适当的治疗措施，大多能在 3～5 天恢复。否则，症状会逐渐加剧，最后常造成跛足，不能站立，胸骨凹陷，肋骨易断裂，瘫痪；尽管后期的病鸡仍有食欲，终因不能采食和饮水而死亡。剖检可发现翅骨、腿骨易碎。

3. 防治措施 保证全价营养和科学管理，使育成鸡性成熟时达到最佳的体重和体况；在开产前 2～4 周饲喂含钙 2%～3% 的专用预开产饲料，当产蛋率达到 1% 时，及时换用产蛋鸡饲料；笼养高产蛋鸡饲料中钙的含量不要低于 3.5%；并保证适宜的钙、磷比例；给蛋鸡提供粗颗粒石粉或贝壳粉，粗颗粒钙源可占总钙的 1/3～2/3。钙源颗粒大于 0.75 毫米，既可以提高钙的利用率，又可避免饲料中钙质分级沉淀。炎热季节，每天下午按饲料消耗量的1%左右将粗颗粒钙均匀撒在料槽中，既能提供足够的钙源，又能刺激鸡群的食欲，增加采食量；平时要做好血钙的监测，当发现产软壳蛋时就应做血钙的检查。

将症状较轻的病鸡挑出，单独喂养，补充骨粒或粗颗粒碳酸钙，一般3～5天可治愈。有些停产的病鸡在单独喂养、保证其能吃料饮水的情况下，一般不超过1周即可自行恢复。同群鸡（正常钙水平除外）饲料中添加2%～3%粗颗粒碳酸钙，每千克饲粮中添加2 000单位维生素D_3，经2～3周鸡群的血钙就可上升到正常水平，发病率明显减少。钙耗尽的母鸡腿骨在3周后可完全再钙化。粗颗粒碳酸钙及维生素D_3的补充需持续1个月左右。如果病情发现较晚，一般20天左右才能康复，个别病情严重的瘫痪病鸡可能会死亡。

第八章 蛋鸡饲养常见问题应急处理

一、发生传染病应急处理

(一)附近有传染病流行应急处理

当附近鸡场有传染病流行时,首先要做的是切断水平传播途径,防止病毒传入本场,同时加强免疫和饲养管理,提高鸡群抵抗力。水平传播途径主要包括空气、饲料、饮水、人员、车辆、昆虫等。常见应急措施如下。

1. 及时隔离鸡群 目的是防止病原通过直接或间接的方式进入本场。为此,应禁止从疫区内采购鸡苗或活鸡以及饲料等物资,同时禁止外来人员和车辆进入本场。必须进场的生产物资,要对车辆、物资等进行严格消毒,方能进入生产区。若确认是国家一类动物疫病(例如禽流感、新城疫),必须杜绝一切访客,全部工人住场,不得外出,实行全封闭生产。直到传染病的警报解除才能相应地取消封锁。

2. 严格执行消毒制度 消毒的目的是尽量消灭病原微生物,降低被传播的风险。严格执行外来人员和物资进出鸡场的消毒制度,外来人员必须经允许,并更换工作服,经消毒后方能进入管理区;运送物资车辆须经过车轮消毒、车辆喷洒消毒后才能进入鸡场。场内要检查执行消毒制度情况,确认消毒效果,尽量选择不同的消毒剂交叉使用,准确配制消毒剂的浓度,正确使用,及时更换门口消毒池中的消毒液;工作人员进出生产区应遵守消毒的规章制度,严格执行更换工作服、雨鞋等要求,对工作服和雨鞋进行相应消毒；加强对鸡舍内外环境、鸡场内道路的消毒；加强笼具、水槽、料槽、垫料等物品的消毒。

3. 预防昆虫和其他动物传播　有些病原可通过鸟类、犬、猫、老鼠、昆虫（如苍蝇、蚊子、虱、虻螨等）等生物性传播，为此，检查防鸟等设施是否完整无缺，做好防范工作，集中消灭蚊虫、苍蝇和老鼠等有害生物，驱除鸟类，防止犬、猫等家养动物的闯入等。

4. 加强免疫　针对该传染病进行紧急免疫，提高鸡群的抗体滴度，以确保鸡群安全。

5. 加强日常饲养管理　鸡群发病除了与病原微生物的致病力、数量有关外，还与鸡群自身的抵抗力息息相关，在此期间，需加强饲养管理，避免应激，提高鸡群抵抗力。

（二）传染病发生时应急处理

当鸡场不可避免地发生了传染病，为了减少损失，避免疫情扩散，应采取相应的措施。

1. 隔离封锁　立即检查所有鸡群，将鸡群分为病鸡、可疑鸡和假定健康鸡。所谓病鸡，指具有明显临床症状的鸡，它们及其废弃物是重要的传染源，危险很大，必须将其挑出来，送至病鸡隔离区进行单独饲养，由专人饲养并进行有效治疗；若诊断是国家一类动物疫病，必须直接扑杀，并按国家政策规定进行封锁。

可疑鸡指临床症状不明显，但与病鸡有接触史或者环境受到污染，也可能处在潜伏期的鸡。因其可能发病，存在排毒的可能性，应进行隔离，进行观察和预防性治疗。观察1～2周后，未见发病，可解除隔离。

假定健康鸡指一切正常的鸡，因其周围已经有病鸡出现，仍然应做好消毒、紧急免疫接种等预防性工作。

2. 及时诊断　通过流行病学调查、临床症状、病理变化和实验室相关诊断，尽快确诊疾病。病死鸡剖检必须在专门解剖室进行，同时加强解剖室消毒，以防人为扩散病原微生物。

3. 加强消毒 在隔离的同时，加强消毒，扩大环境消毒范围，鸡场的里里外外进行彻底消毒，尤其是被病鸡污染的鸡舍、笼具、用品、运输车辆、道路等，包括饲养人员，都要进行消毒。对病死鸡及其粪便等废弃物进行深埋或焚烧，实行无害化处理。加强带鸡消毒，增加消毒次数，将平常每周1～2次的消毒，增加至每天1次。消毒剂品种多样化，尽量选择不同的消毒剂交叉使用，提高消毒效果。

4. 紧急免疫接种 为了尽快控制病情和扑灭疫病流行，对受到威胁的鸡群（包括周边健康鸡群、本场的假定健康鸡和可疑鸡群）进行紧急免疫接种。通过接种，可使未感染的鸡获得较高的免疫水平，增强其抵抗力，避免感染发病，防止疫情向外蔓延，降低发病率和死病率，减少经济损失。

紧急免疫接种时，为了提高免疫效果，疫苗剂量可加倍。处于潜伏期的鸡紧急接种后会出现死亡增加现象，但经接种数天后死亡会很快下降，病情得到控制。

5. 适当药物治疗 对病鸡和疑似病鸡进行对症药物治疗，针对细菌性疾病可选用抗菌药物，病毒性疾病可使用高免血清或卵黄抗体治疗。在没有高免血清或卵黄抗体的情况下，可选用抗病毒药物和干扰素等进行治疗。药物治疗的剂量要充足，对个别重病鸡可选用注射或口服的给药方法，对大群可选用饮水或拌料或喷雾的给药方法。

（三）传染病发生后应急处理

本场发生了传染病，经过应急处理控制了病情，生产逐渐恢复正常，但仍需要做好以下工作。

1. 找出疫病发生的原因，完善防疫体系 传染病尽管被控制，但仍有再次暴发的可能，所以一定要认真总结，找出疫病发生的原因，完善防疫体系，避免类似事件再次发生。例如，疫病的发生是防疫制度问题，饲养管理问题，还是疫苗问题……。如果是防疫制度问题，防疫漏洞是什么？如何弥补和完善？如果是饲养管理的问题，是责任心问题，是员工对制度不严格执行问题，如何规范和严格考核？还是设备设施等硬件缺失或不完善，如何补救？如果是疫苗有问题，是疫苗毒株问题，还是疫苗质量问题，还是保管问题，还是使用问题，使用问题又涉及到免疫程序和使用方法问题，针对查出的问题，采取相应补救措施。

2. 整顿鸡群　经过一场疫病，对鸡群的生产性能或以后生产性能会有一定的影响。此时应及时淘汰残次鸡和低产鸡，提高饲养效益。

3. 加强消毒工作　传染病虽然被控制，但鸡场不可避免地被病原微生物所污染，加强消毒很有必要。应对整个鸡场定期进行彻底的大消毒，对鸡场环境、鸡舍、笼具、用品等都需要进行消毒，对病死鸡及其粪便、羽毛等废弃物进行深埋或焚烧，达到无害化处理，以防后患。

二、煤气中毒应急处理

煤气是一氧化碳的俗称，是炭在不充分燃烧的情况下产生的一种无味、无色气体。其与血红蛋白结合能力比氧的结合能力强，且一旦结合又不易分离，这样机体就得不到充足的氧，也就不能产生足够的能量，从而使机体失去正常的生理功能。

煤气中毒多发于育雏期，因育雏期间要求较高的温度，为了保证育雏温度就必须加温，而农村个体户多以木柴、煤等为燃料，这就埋下了煤气中毒的隐患。为了保证育雏舍有较高的温度，一般密封都比较严，舍内空气流通小，使舍内的一氧化碳不易排出；另外，雏鸡机体发育还不健全，抵抗力弱，较易中毒。从中毒的季节来看，以冬天发生率最高。

经验不足，疏忽大意。这是造成鸡群中毒的主要原因，有些养鸡户疏忽大意，舍内排气管漏气或换煤时盖口不严，从而造成中毒事件的发生。尤其是锯末炉在添加锯末时，一次性加得很多使炉内正在燃烧的火焰熄掉，而在烧燃到一定情况下突然喷火，热气流把盖在炉上的排气散热管冲开，使一氧化碳外溢引起中毒。所以，广大养鸡户在饲养过程中一定要提高警惕，排除一切隐患，采用火道或火墙取暖，最好把煤炉放到舍外；煤炉、烟道、烟囱、火道或火墙要经常检查，不能漏烟、倒烟或堵塞；排烟管道或烟囱的舍外出口一定要朝上，防止刮顶风时烟呛入舍内；鸡舍上部要设置合适的通风口，防止鸡舍煤气积聚。加强饲养管理，加强舍内空气的流通；要勤于观察，一旦发现有精神呆滞、不活跃、羽毛松乱或表现烦躁不安、呼吸困难、共济失调、呆立或发生痉挛、惊厥等严重中毒症状时，要迅速将雏鸡转移到空气新鲜、温度适宜的育雏舍内；无条件的也要立即打开门窗换进新鲜空气，同时仔细查找中毒原因，尽快排除隐患。早上进入鸡舍前如发现鸡群大量死亡，死鸡侧躺头向后仰，腿伸直，喙、趾发紫，基本可确定为急性煤气中毒，此时人不要立即进入鸡舍，而是马上开窗通风，以免造成人的煤气中毒。对中毒严重的鸡可皮下注射生理盐水或等渗葡萄糖注射液，注射安钠咖、尼可刹米等强心药。

三、鸡群扎堆应急处理

鸡群因低温或应激常扎堆，甚至多层堆积，严重者会导致底层的鸡被压死或伤残，即便鸡群无鸡伤亡，也会因鸡体堆积受热而影响生长，造成一定的损失，所以必须采取恰当的措施来杜绝此类事故的发生。

（一）育雏温度较低

育雏温度较低时，雏鸡的本能驱使其扎堆取暖，这时应适当提高舍内温度，并及时分开扎堆鸡群，以防压死雏鸡。育雏期一定要看鸡施温，即根据雏鸡活动行为及时调节育雏温度。

（二）脱温后温度较低

在雏鸡脱温后温度较低的季节，雏鸡常因不适应低温而扎堆取暖，所以在育雏期就应提前做好准备。方法是育雏期温度下降得快一点，使脱温前后温差尽可能的小，让雏鸡早点适应低温环境。育雏最好采取低温育雏法，即育雏舍内不同区域有一定温差，保姆伞和电热管下方温度相对较高，环境温度相对较低，有利于雏鸡更早地适应低温环境。

（三）应　激

蛋鸡本身就有点神经质，尤其是进入产蛋期后，艳丽的色彩、异常的响动、捉鸡、其他动物或陌生人进入鸡舍都会让鸡受到惊吓而造成扎堆，解决方法就是找出应激原因并设法消除。日常管理中尽可能减少各种应激，如谢绝外来人员参观；不要让其他动物进入鸡舍；饲养员在工作过程中也应轻手轻脚，不要大声说话；不要在鸡舍附近制造噪声或燃放烟花爆竹，让鸡舍保持安静。若外界声响较大引起鸡群骚动，在夜晚可及时开灯，能减少应激反应。

当扎堆严重时要及时分开扎堆鸡群，以防压。应激较大鸡群，可在饮水中添加水溶性多种维生素2～3天。

四、中毒应急处理

生产上出现饲料中毒的原因比较多、也比较复杂，需要准确寻找原因，针对病因快速处理，降低中毒引起的损失。常见的饲料中毒有因采购的原料(如玉米、小麦、大豆、豌豆等)本身被农药污染，原料或饲料因水分超标(国家规定的粮食水分含量基准为谷粒为13%以下，玉米为12.5%以下，花生仁、葵花籽为8%以下)或保管不善等发生霉变，饲料原料中本身含有有害物质(如棉籽饼中的棉酚)。

(一)发霉饲料中毒的处理

发霉饲料以黄曲霉毒素最为常见，因发霉严重程度、鸡的年龄不同、采食量的多少和采食时间的长短有异，表现的症状也有差异，通常可分成急性、亚急性和慢性3种病型。

无论出现什么病型，确认鸡群由发霉的饲料引起的中毒时，都应立即更换饲料，给予含碳水化合物较高的、易消化的饲料，减少或不喂含脂肪多的饲料，加强护理一般会恢复。当中毒严重时，除立即更换饲料外，还应及早给予盐类泻剂，如硫酸镁，促进毒素的排出；使用保肝止血药物，5%葡萄糖水让其自由饮用，同时供给维生素A、维生素D和复合维生素B，可缓解中毒症状；因霉菌毒素会抑制免疫功能，使免疫力下降，需注意使用抗生素以控制并发性或继发性疾病感染。病鸡的排泄物中都含有毒素，鸡场的粪便要彻底清除，集中用漂白粉处理，以免污染水源和地面。被毒素玷污的用具可用2%次氯酸钠溶液消毒。

(二)有机磷中毒的处理

一旦怀疑是有机磷农药中毒，应停止使用可疑饲料或饮用水，以免毒物继续进入鸡体内。同时积极治疗，及时清除毒物，如冲洗体表的残留药，用0.1%高锰酸钾溶液冲洗解毒，喂服硫酸镁、硫酸钠、蓖麻油、液状石蜡、生油等泻剂。每只鸡肌内注射1毫升解磷定注射液，首次注射过后15分钟再注射1毫升，以后每隔30分钟服阿托品1片，连续2～3次，并给予大量的清洁饮用水。必要时手术治疗，先切开嗉囊前的皮肤，再切开嗉囊，清除其内容物，最后缝合切口，手术后停食1天，可口服云南白药和抗生素。

(三)棉酚中毒的处理

使用棉籽饼(粕)作饲料成分时，雏鸡用量不得超过饲料的3%，成鸡不得超过7%；种鸡不宜用棉籽饼(粕)作饲料。棉酚是一种嗜细胞性的有毒物质，使用过量棉籽饼时，棉酚在体内大量积累，可损害肝细胞、心肌和骨骼肌，与体内硫和蛋白质结合损害血红蛋白中的铁而导致贫血。另外，棉籽中还含有一种脂肪酸，能使母鸡卵巢和输卵管萎缩，产蛋量下降，蛋壳质量下降。对发生中毒的病鸡，先立即停止饲喂棉籽饼，然后服用盐类泻剂或5%葡萄糖水。对重症病鸡可用10%葡萄糖注射液20～30毫升腹腔注射。

五、饲料霉变应急处理

曲霉菌的孢子广泛存在于自然界，如土壤、垫料、饲料等都可存在。霉菌孢子可借助于空气流动而散播到较远的地方，在适宜的环境条件下可大量生长繁殖，污染环境，引起传染。曲霉菌可导致各种日龄的鸡发病，其中以幼雏易感，常呈急性暴发，有较高的发病率和病死率。

雏鸡感染呈急性，表现精神沉郁，食欲减退，羽毛蓬乱，眼闭合呈昏睡状，呼吸困难，打喷嚏，流泪，流鼻液；病后期发生腹泻，有的出现神经症状，如歪头、麻痹、跛行。急性病例病死率可高达50%以上。

育成鸡感染表现食欲不振，精神沉郁，闭目呆立呈昏睡状，腹泻，消瘦，腿爪干瘪。

产蛋鸡感染，多呈慢性经过，病死率较低，产蛋率下降，蛋壳褪色。胚胎感染后，可使胚胎死亡或孵出弱雏，出壳后几天内即死亡。

剖检可见肺或气囊壁上出现小米粒至硬币大小的霉菌结节，肺结节呈黄白色或灰白色，胃肠黏膜有溃疡和黄白色霉菌灶，腺胃乳头消失或肿大为结节状，嗉囊常见溃疡或形成假膜。有些病鸡脑、肾脏等实质器官有霉菌结节。

雏鸡发病后，首先要找出感染霉菌的来源，并及时消除之，如更换发霉的饲料和垫料，清扫、消毒环境等，在此基础上进行治疗才能奏效。药物治疗：每千克饲料加制霉菌素 50 万单位，连用数天；饮用水中加入 0.05%硫酸铜或 0.3%碘化钾，有较好的治疗效果；饮用水中加入 5%葡萄糖及 0.1%维生素 C 有解毒及提高鸡体抵抗力的作用。

禁止使用发霉或被霉菌污染的垫料和饲料，加强鸡舍的通风换气，是预防本病的主要措施。

六、高温应急处理

产蛋鸡适宜温度为 15℃～25℃，当温度超过 30℃，生产性能就会受到影响。所以，防暑降温是夏季管理的重点工作。当鸡舍温度在 32℃以上时，就应立即采取措施，避免出现中暑。

(一)通风降温

简易鸡舍将所有窗户打开或将窗帘布全部收起，增大空气流通量，当自然通风不能满足要求时，必须安装风机或进行喷雾降温。可密封鸡舍最好采用纵向通风法降温，先关闭门窗，在鸡舍的后门(出粪门)设置排风口，在前门(进料口)设置进风口，在排风口处根据舍内的空间均匀合理地设置一定数量的排风扇，沿鸡舍的纵轴进行通风，比横向通风可降低 3℃～5℃。

(二)喷水降温

当气温超过 32℃时，可采用旋转式喷头喷雾器向鸡舍的顶部或墙壁喷水，还可选用高压式低雾量喷雾器向鸡体上直接喷水，每天定时进行数次。有条件的在进风口处设置湿帘，使空气温度降低后再进入鸡舍效果更佳。

（三）自由饮水

要为鸡群提供充足的饮用水，最好是水温较低的深井水，鸡可通过增加饮水量，加强血液循环，达到缓解高温的效果。为了提高防暑效果，可在饮用水中加入电解多种维生素，提高抗热应激能力。

（四）舍顶降温

鸡舍屋顶的太阳辐射热也是一个重要热源，特别是简易鸡舍屋顶多采用石棉瓦或彩钢瓦，隔热性能差，容易被阳光晒透，使舍内温度骤然升高。在极端天气下，可采取对屋顶喷水，通过水分的蒸发带走热能，会有明显的降温效果。也可在鸡舍的顶部和向阳面的前部高出屋顶 50 厘米处，拉一层或二层遮阳网，有明显的降温效果。用于农业上的反光膜对于反射太阳光有很好的效果，可在鸡舍顶部铺一层反光膜，将直射到鸡舍顶部的太阳光反射到天空中，以降低舍内温度。据测算，铺反光膜后，在晴朗的中午鸡舍内的温度可降低 2℃～3℃。

（五）绿化降温

绿化有减少辐射热和净化空气的好处。做法是在鸡舍的周围种植树木和草坪，在鸡舍的朝阳面或运动场中搭设凉棚，种植丝瓜、南瓜等藤本植物进行遮阴。

（六）提高日粮浓度

对饲料配方做适当调整，根据夏季采食量少的特点，提高饲料中能量和蛋白质浓度，以满足营养需求。一般夏季日粮的代谢能为 11.5％兆焦/千克左右，粗蛋白质应提高到 17.3％～18％，以便补偿采食量的减少。增加能量可采用加入1%～2%的油脂。同时，适当提高饲料中的钙、磷水平，以保证产蛋的需要，改善蛋壳质量。可在下午单独补钙，一般补充大粒贝壳或沙子的数量为日粮的1%～1.5%。

（七）调节喂料时间

避开高温，选在气温凉爽时喂鸡，可增加鸡的采食量，一般在清晨4～5时第一次喂料，下午5～6时喂最后1次料。

（八）降低饲养密度

一般平养鸡由6～7只/米^{2}减少为3～5只/米^2，笼养鸡减少20%～25%。

（九）添加抗热应激剂

在日粮中添加维生素C 200克/吨和碳酸氢钠（小苏打）1～5千克/吨，可降低破蛋比例和料蛋比，缓解热应激。按说明剂量添加复合多维和杆菌肽锌，也可以增加鸡只抗应激的能力。

（十）停电期应急处理

鸡舍突然停电，电风扇停转后，往往因突然高温、闷热而大批死鸡，采取措施为：先用凉水泼洒在鸡身上，淋湿鸡的羽毛透至肌肉，然后用氯丙嗪0.5克/千克体重饮水或拌料，这样可以大大降低死亡率。

七、低温应急处理

鸡适应在相对稳定的温度环境下生活，其虽能耐寒，但温度过低（低于10℃以下时），其生产性能就会受影响。温度突然变化除了导致生产性能下降，还会诱发多种疾病。平时应注意收听天气预报，对于降温天气有所准备。当发生突然降温或外界温度持续较低时，应立即采取措施。

（一）保　温

将所有门窗关闭，尤其是北窗一定要关严。检查墙体，若发现有空隙或漏缝，应堵死，避免有贼风侵入。如果鸡舍过于简陋，除用塑料膜封闭外，还可增挂草苫，以增加保温效果。为避免关闭门窗引起空气质量太差，可在屋顶开设可调节天窗排出有害气体，效果非常好。也可在晴朗的中午将朝阳的门窗部分打开通风；也可饲喂微生态制剂控制粪尿的分解，降低有害气体的浓度。需注意的是，应尽量避免南北门窗同时打开，这样会出现“穿堂风”，冬天的穿堂风危害很大。

（二）防　冻

检查水箱、水管、水杯、水槽是否结冰，一旦结冰，鸡将无法饮水。水对鸡很重要，宁可缺料也不能缺水，若结冰了，应立即化冰，供应充足的饮用水。

（三）增　温

若外界温度持续太低，鸡舍温度始终很低的话，应通过人为增温措施（如供暖气，煤炉和电热管加热等）。若是采取煤炉加热，应注意避免煤气中毒。

（四）营养调节

一是饲料配方做适当调整，根据冬季营养需求，提高饲料中的能量。二是将喂料量适当增加，以满足其御寒消耗。

（五）预防疾病

冬天为了保温，会减少通风，使空气质量下降，易诱发呼吸道疾病。为此，除注意保温和通风的平衡，改善空气质量外，还应加强饲养管理，加强消毒工作，以增强体质，减少疫病的发生。

八、停电应急处理

规模化蛋鸡场的光照、饮水、通风、饲料加工、温度控制，甚至于喂料和人员生活都离不开电，一旦停电，就会对生产造成很大影响。因此，对于大型鸡场，除了有稳定的外部电源以外，还应自备发电机，以保证生产正常进行。一旦发生停电，应采取相应措施。

（一）有发电机的鸡场

1. 计划性停电 供电部门为了线路安装和维修而安排的停电一般都是有计划的，只要与供电部门保持联系，就可了解准确的停电日期和时间。只要提前调试发电机组，备足燃料，准备停电期间发电，就能保证鸡场正常生产。需要注意的是如为外部供水，而非本场自备水源，可能因停电而停水，在停电前需将水塔装满或采用其他贮水方式，确保停电期间正常供水。

2. 突发性停电 因场内线路故障、负载过大或局部短路而造成的停电，一定要及时排除故障，恢复供电。在气温较高时，要及时打开门窗通风。需要保温的鸡舍，要关好门窗保温，并密切关注鸡群，以防鸡群扎堆，造成不必要的损失。靠电源加热的育雏舍要启用其他热源（如煤炉）供温。因外部线路故障，要及时发电，保证鸡场正常生产。

（二）无发电机的鸡场

如为计划性停电，应了解准确的停电日期和时间。在停电前备足饲料和水，保证停电期间饲料和水正常供应。如为突发性停电，可考虑外部加工饲料和供水。在气温较高时，要及时打开门窗通风。需要保温的鸡舍，要关好门窗保温，并密切关注鸡群，以防鸡群扎堆。靠电源加热的育雏舍要启用其他热源（如煤炉）供温。产蛋鸡舍在停电期间可以用蓄电池补充光照。

九、用药失误应急处理

在防治鸡病过程中，若用错了药，或是剂量过大、用药时间过长，都可能产生不良后果，甚至出现药物中毒，引起重大损失。

发现以上失误之后，应采取紧急措施，尽量将损失降低到最低程度。如果用错了药物或疗程过长，应立即停用该药物包括含有该药物的饲料和饮水；若是剂量过大，有明显的临床反应，必须立即停药，同时采取排毒、解毒措施。对肾脏伤害大的药物，要使用肾肿解毒药进行通肾。对肝脏伤害大的药物，注射 5%葡萄糖和10%维生素 C 注射液进行解毒，一般连用 3～5 天。

参考文献

[1] S. Leeson, J. D. summers,沈慧乐;周鼎年译．实用家禽营养．美国大豆协会．

[2] 周建强,潘琦,张响英,等．科学养鸡大全[M]. 合肥:安徽科学技术出版社,2009.

[3] 张伟．实用禽蛋孵化新法[M]. 北京:中国农业科技出版社,1999.

[4] 陈宽维,赵河山,张学余,等．优质黄羽肉鸡饲养新技术[M]. 南京:江苏科学技术出版社,2001.

[5] 罗函录,孙佩元,刘宇卓,等．蛋鸡生产关键技术[M]. 南京:江苏科学技术出版社,2000.

[6] 周安国．饲料手册[M]. 北京:中国农业出版社,2002.